Norbert Andrup

Airbus

Von der A300 bis zur A380 und A350

Norbert Andrup

Airbus

Von der A300 bis zur A380 und A350

Motor buch Verlag

Impressum

Einbandgestaltung: Luis dos Santos unter Verwendung von Vorlagen des Verfassers.

Hinweis: Alle Illustrationen dieses Buches sind vom Autor selbst angefertigt und, soweit möglich oder nötig, mit den betreffenden Airlines abgestimmt um evtl. bestehende Rechte Dritter nicht zu verletzen. In einzelnen Fällen konnten mangels Antwort keine abschließenden Informationen eingeholt werden. In keinem Fall sind u.U. bestehende Bildrechte Dritter absichtlich verletzt worden.

Eine Haftung des Autors oder des Verlages und seiner Beauftragten für Personen-, Sach- und Vermögensschäden ist ausgeschlossen.

ISBN 978-3-613-03330-6

1. Auflage 2011

Sie finden uns im Internet unter
www.motorbuch-verlag.de

Innengestaltung: Norbert Andrup
Lektorat: Alexander Burden
Druck und Bindung: Stürtz GmbH, 97080 Würzburg
Printed in Germany

Inhaltsverzeichnis

Vorwort

Airbus - von der A300 bis zur A380 und A350.

Dieses Buch behandelt ein Thema, über das, die zukünftige A350 ausgenommen, schon viel geschrieben worden ist. Doch hier steht nicht Geschriebenes im Vordergrund, es ist keine ins Detail gehende Unternehmensgeschichte, kein Buch über die Technik unter dem „Blech“, kein Buch über Flugerfahrungen. Das vorliegende Werk ist ein zu diesem Thema einzigartiges Buch, denn es stellt die zivilen Produkte von Airbus in ihrer Schönheit, in ihren kleinen und großen Unterschieden, in ihrer Geschichte dar, und das in detaillierten, professionell erstellten Grafiken in einheitlichem Stil, die es dem Enthusisasten viel mehr als durch Lichstimmung und Perspektive verzerrte Fotos ermöglichen, Vergleiche zu ziehen und selbst kleine Detailunterschiede zu erkennen.

Fast alle Zeichnungen in diesem Buch sind im gleichen Maßstab zueinander gehalten. Ausnahmen bilden die Mehr-Seiten-Ansichten der A340 (S.86/87), A330 (S.94/95), A340-600 (S.112/113) und A380 (S.132/133), die aus Platzgründen ebenso wie die Sitzpläne der großen Typen etwas kleiner abgebildet sind als die Seitenansichten. Am Ende des Buches befindet sich ein kleiner Fototeil, hauptsächlich mit Fotos aus den 90er Jahren.

Der Aufbau des Hauptteils ist grundsätzlich chronologisch. Jeder Flugzeugtyp wird zuerst in Drei- oder Vierseiten-Ansichten vorgestellt, mit den wichtigsten technischen Daten, Varianten, Stückzahlen, Fluggesellschaften und kurzer Typgeschichte. Dann folgen, ebenfalls in erster Linie chronologisch, die ersten Maschinen eines Typs, bzw. wichtige Betreiber, wobei jeweils neben der Serienummer die individuelle Laufbahn der jeweiligen Maschine erwähnt wird, sowie besondere Merkmale. Zu jedem Typ gibt es, wo angezeigt, eine Doppelseite zum unumgänglichen Thema Unfälle, und zu jeder aktuellen Baureihe farblich an der Wirklichkeit orientierte, aufwendige Sitzpläne. Dazu Sonderthemen wie militärische Varianten, VIP-Flugzeuge und mehr.

Ich möchte erwähnen, das ich u.a. für ein Reihe von Luftfahrtunternehmen arbeite. So sind einige der abgebildeten Zeichnungen wie schon im letzten Buch über die Boeing 747 Auftragsarbeiten, namentlich für Lufthansa, Fraport und TNT Airways entstanden und werden mit freundlicher Genehmigung abgedruckt.

Frankfurt am Main, im Oktober 2011,

Norbert Andrup

Airbus-Preisliste, Stand Oktober 2011

Zu den genannten mittleren Preisen ist zu sagen, dass kaum ein Kunde jemals den vollen Listenpreis zahlt. Außerdem ist die finalen Rechnung abhängig vom Triebwerkstyp und von häufig vorkommenden Sonderwünschen. In der Regel werden größere Stückzahlen geordert, was den Preis deutlich nach unten drücken kann. Darüber hinaus werden oftmals Wartungsverträge mit abgeschlossen. Was auffallen mag, ist, dass Frachter teurer sind als die Passagierflugzeuge gleichen Grundtyps. Dazu muss erwähnt werden, dass sich die genannten Preise in Bezug auf Passagiermaschinen auf „Leerflugzeuge" beziehen. Galleys, also Bordküchen, sowie Sitze und Entertainmentsysteme, mithin alle airlinespezifischen Details, sind hierin nicht enthalten.

Im August 2011 hat Airbus angekündigt, seine Preise von Dollar auf Euro umstellen zu wollen.

A318:	65.000.000 $
A319:	77.700.000 $
A320:	85.000.000 $
A321:	99.700.000 $
Aufpreis A319 - A321 NEO:	6.200.000 $
A330-200:	200.800.000 $
A300-200F:	203.600.000 $
A330-300:	222.500.000 $
A340-300:	238.000.000 $
A340-500:	261.800.000 $
A340-600:	275.400.000 $
A350-800:	236.600.000 $
A350-900:	267.600.000 $
A350-1000:	299.700.000 $
A380-800:	375.300.000 $

Zum Vergleich hier die Listenpreise von Boeing, Stand Oktober 2011:

737-600:	56.900.000 $
737-700:	67.900.000 $
737-800	80.800.000 $
737-900ER:	85.800.000 $
767-300ER:	164.300.000 $
767-300F:	167.700.000 $
787-8:	185.200.000 $
787-9:	218.100.000 $
777-200ER:	232.300.000 $
777-200LR:	262.400.000 $
777-300ER:	284.100.000 $
777F:	269.100.000 $
747-8:	317.500.000 $
747-8F:	319.300.000 $

Einleitung

In den späten 60er Jahren zeigte die Entwicklung in der zivilen Luftfahrt ganz klar in eine Richtung, denn die US-amerikanische Industrie war dabei, die Reste der westeuropäischen Konkurrenten mit überlegenen Produkten gänzlich vom Markt zu drängen und ein Monopol aufzubauen. Großbritannien, weniger als zwei Jahrzehnte zuvor noch der Vorreiter des Jet-Luftverkehrs, konnte mit seinen mittelgroßen Herstellern die nötigen Entwicklungskosten für neue Typen nicht mehr stemmen und richtete sich traditionell zu sehr nach den nicht immer international relevanten Erfordernissen einheimischer Airlines, und in Frankreich wurden die letzten der eleganten, aber alternden Caravelle gebaut. Einzig das britisch-französische Gemeinschaftsprojekt Concorde schien im Langstreckenmarkt einigen Erfolg zu versprechen. Auf dieser Doppelseite sind die Ende der 60er Jahre in Produktion befindlichen, auf Mittel- und Kurzstrecken eingesetzten Flugzeugtypen der westlichen Welt dargestellt. Zu diesem Zeitpunkt hatten die europäischen Regierungen erkannt, dass nur Zusammenarbeit ihr Verbleiben im Markt garantieren würde.

***Boeing 707-336C,** 448. 707, Seriennummer 18924, Baujahr 1965. Die Combivariante war das meistverkaufte Modell der berühmten 707. Eigentlich eine Langstreckenmaschine, wurden viele Exemplare dieses Typs aber auch auf Mittelstrecken geflogen. Auch viele europäische Airlines setzten auf diesen erfolgreichen Typ, unter anderem die Lufthansa, Sabena und die BOAC, die britische Interkontinentalfluggesellschaft. Noch in den frühen 60ern waren britische Airlines auf „Buy British" eingeschworen, die ökonomische Überlegenheit der 707 im Verhältnis zu einheimischen Vickers VC-10 und De Havilland Comet machte dem jedoch ein Ende - die BOAC kaufte eine große Zahl des US-amerikanischen Pioniers der Düsenverkehrsluftfahrt. So auch die G-ASZF, die am 19.12.1965 zur Flotte stieß und bis zur Fusion mit BEA zu British Airways die elegante blau-goldene Bemalung trug.*

***Boeing 727-25,** Baunummer 20, Seriennummer 18258, Baujahr 1963. Boeing´s zweiter Jet wurde zu einem noch größeren Erfolg als die 707. Die elegante, auf Kurz-und Mittelstrecken zugeschnittene dreimotorige Maschine basierte auf dem Rumpf der 707. Die N807N wurde am 21.1.1964 an Eastern Airlines ausgeliefert. Die hier zu sehende Originalbemalung trug sie bis 1978, 1987 wurde sie verkauft. Bis 1991 flog sie danach noch für die nigerianische Kabo Air.*

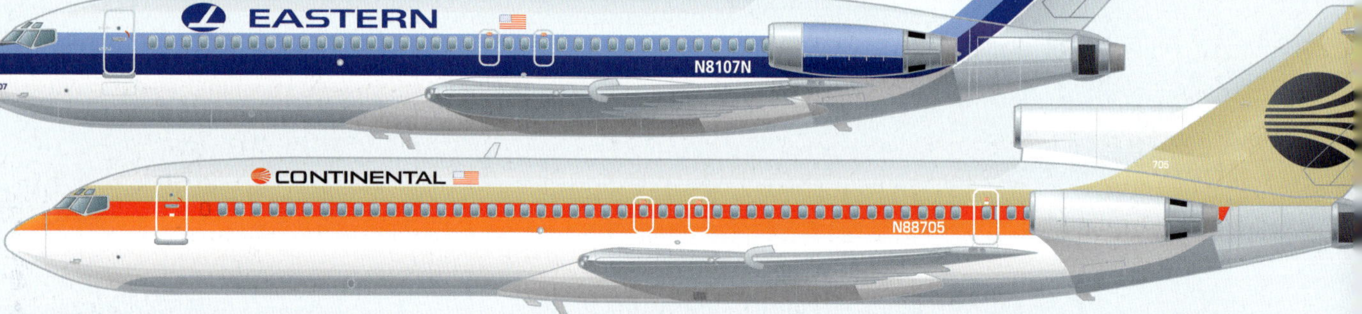

***Boeing 727-224,** 597. vom Band gelaufene 727, Seriennummer 19514, Baujahr 1968. Mit der verlängerten -200er-Version kam für die 727 der große Erfolg, nachdem die kurze Originalversion nicht den Geschmack aller Airlines traf. 1832 Maschinen wurden bis 1984 gebaut. Am 1.7.1968 kam die N88705 zu Continental Airlines, für die sie 21 Jahre flog.*

***Boeing 737-130,** vierte 737, Seriennummer 19015, Baujahr 1967. Vor allem auf Druck der Lufthansa baute Boeing die 737. Allerdings war die heute erfolgreichste Flugzeugfamilie in den ersten Jahren nicht unbedingt ein Hit, was besonders auf die kurze -100er-Variante zutraf, die bis auf Lufthansa kaum jemand interessierte. Die auf den Namen „Osnabrück" getaufte D-ABEC wurde am 27.12.1967 ausgeliefert und war zusammen mit der zum gleichen Zeitpunkt abgelieferten D-ABEB die erste in Europa in Dienst gestellte 737. Sie wurde 1983 verkauft, nachdem auch die LH auf die erfolgreiche 737-200 umgeschwenkt hatte.*

Hawker Siddeley Trident 2E, *Seriennummer 2155, Baujahr 1970. Die Trident, der erste dreimotorige Passagierjet der Welt, wäre wohl in ihrer ursprünglichen Form ein formidabler Konkurrent der Boeing 727 geworden. Zuviel Rücksichtnahme auf die Interessen des Erstkunden, der einheimischen, den lokalen und innereuropäischen Markt bedienenden Gesellschaft BEA, machten aus ihr jedoch ein zu kleines, unökonomisches Produkt, von dem in vier Serien (1C, 1E, 2E und 3B) nur 117 Maschinen hergestellt wurden und das wegen hohen Verbrauchs vorzeitig aus dem Dienst genommen werden musste. 1964 ging nach langer und wechselvoller Entwicklungsphase die erste Maschine in Dienst, 1975 wurde die letzte Trident ausgeliefert. In einem Punkt war sie ihrer Zeit voraus, denn die Trident war das erste Verkehrsfluzeug, das automatisch landen konnte. Außerdem war sie trotz schwacher Triebwerke, einmal in der Luft, eines der schnellsten Verkehrsflugzeuge, schneller als alle Airbus-Typen heute. Ein außergewöhnliches, etwas skurriles Detail war das aufgrund der modernen, aber raumgreifenden Avionik seitlich versetzte Bugfahrwerk. Die abgebildete Maschine der Cyprus Airways wurde 1974 von der türkischen Luftwaffe zerstört.*

BAC 1-11-515FB, *207. One-Eleven, Baujahr 1970. Im April 1965 wurde die erste 1-11 von British United (BUA) in Dienst gestellt. Es gab sie in zwei Rumpflängen, wobei die längere als -500er-Serie vermarktet wurde. Sie wurde bis 1989 gebaut, zuletzt in Lizenz in Rumänien. Mit 244 verkauften Maschinen war die 1-11 der zweiterfolgreichste Kurzstreckenjet aus europäischer Produktion. Die D-ALAR der deutschen Paninternational, am 13.5.1970 abgeliefert, ereilte am 6.9.1971 die wohl spektakulärste Luftfahrtkatastrophe in Deutschland, als nach dem Start in Hamburg beide Triebwerke versagten. Den Piloten blieb nichts anderes übrig als die Autobahn 45 nördlich von Hamburg für die unvermeidliche Notlandung auszuwählen. Nach anfänglich geglücktem Manöver konnte die Maschine aber nicht rechtzeitig zum Stehen gebracht werden und sie kollidierte mit einer Brücke. Dabei wurden beide Flügel abgerissen, und infolge der vollen Tanks ging sie sofort in Flammen auf. Der Grund der Katastrophe, die 22 der 111 Insassen das Leben kostete war ein schwerer Wartungsfehler - ein Mechaniker hatte versehentlich Kerosin in die Wassereinspritzung gefüllt.*

Sud Aviation Caravelle III, *258. Caravelle, Baujahr 1970. Die Caravelle gilt als eines der elegantesten Verkehrsflugzeuge aller Zeiten. Sie wurde erstmals 1959 in Dienst gestellt und bis 1972 insgesamt 282 Mal, und das in sieben Versionen und fünf Rumpflängen, gebaut. Die F-BSRY, die im Juni 1970 an Air Algerie ausgeliefert wurde, kam schon Ende 1970 zur französischen Air Inter. Die geparkte Maschine fand am 22.3.1974 ein unglückliches Ende, als sie auf dem Flughafen von Bastia/Korsica von korsischen Separatisten durch Bomben zerstört wurde.*

Douglas DC-9-33CF, *457. DC-9, Seriennummer 47407, Baujahr 1969. Die 1965 debütierende DC-9 war im ersten Jahrzehnt erfolgreicher als das Boeing-Konkurrenzmuster 737. Auch diesen Typ gab es in etlichen Varianten und Rumpflängen, wobei die hier gezeigte Kombiversion der mittellangen Serie -30 selten blieb. Die N935F der Overseas National (ONA) war am 7.3.1969 ausgeliefert worden. Im Mai 1970 wurde sie an Antillean Airlines (ALM) verleast. Zwei Monate später, am 2.5.1970, ging die Maschine in der karibischen See verloren, nachdem die aus New York kommende Maschine drei Landeversuche auf St. Maarten wegen Schlechtwetter abbrechen musste und wegen Spritmangel keinen Ausweichflughafen mehr erreichte. 22 der 60 Insassen kamen ums Leben.*

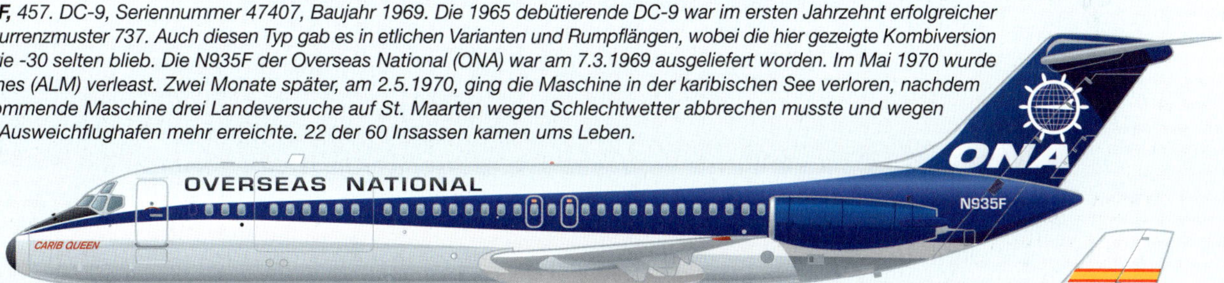

Douglas DC-8-63, *378. vom Band gelaufene DC-8, Seriennummer 45930, Baujahr 1968. Im Gegensatz zu Boeing 707 bot sich die DC-8 für Verlängerungen an. Die Serien DC-8-61 und -63 waren mit 57,04 m Länge vor dem Erscheinen der Boeing 747 die größten Verkehrsflugzeuge der Welt und konnten über 250 Passagiere transportieren. Die EC-BMX der Iberia, die am 6.8.1968 mit dem Namen „El Espanoleto“ abgeliefert worden war, wurde am 3.3.1978 nach einem Kurzstreckenflug von Madrid Opfer einer Bruchlandung in Santiago de Compostela, wobei niemand der 223 Insassen ernsthaft zu Schaden kam.*

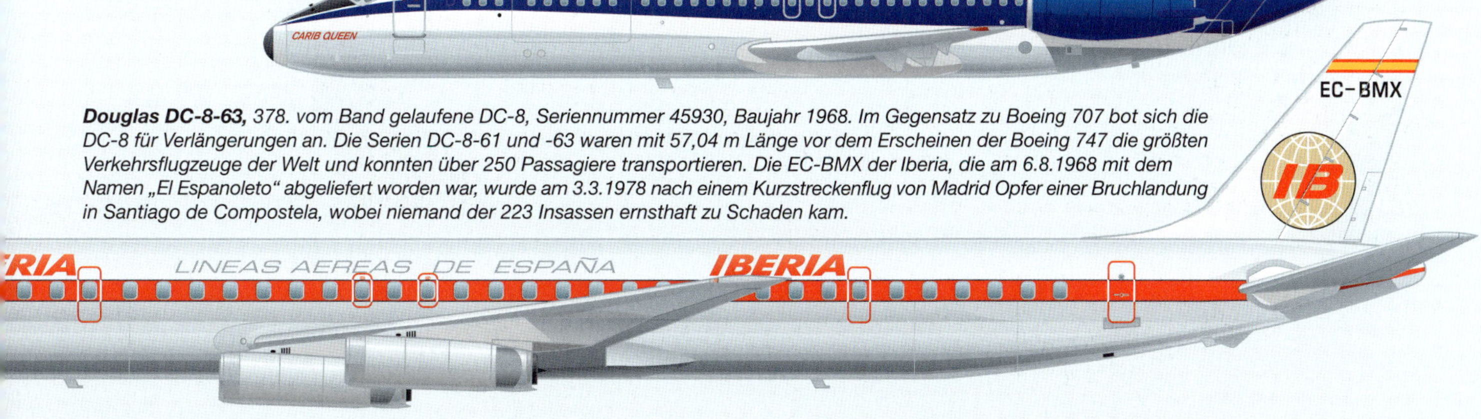

Einleitung

In den 60er Jahren fanden in der Luftfahrtindustrie in allen europäischen Ländern Fusionen und verschiedenste Formen der Zusammenarbeit statt. Dabei gründete sich 1965 in Deutschland eine „Arbeitsgemeinschaft Airbus", und es fanden erste Gespräche zwischen führenden Unternehmen aus Großbritannien, Frankreich und Deutschland über mögliche Kooperationen statt. Die Erkenntnis, dass die Luftfahrtindustrie keines europäischen Landes auf sich allein gestellt gegen die zunehmend übermächtige Konkurrenz aus den Vereinigten Staaten würde bestehen können, führte in der zweiten Hälfte der 60er Jahre schließlich zu Verhandlungen auf politischer Ebene, die am 18.12.1970 letztendlich zur Gründung von „Airbus Industrie" führten. Erster und langjähriger Aufsichtsratsvorsitzender wurde der nicht unumstrittene bayerische Ministerpräsident Strauß, der politisch zur wichtigsten Figur beim Aufbau einer international führenden Luftfahrtindustrie wurde.

Gründungsmitglieder waren die Deutsche Airbus GmbH und die französische Aérospatiale, 1971 kam die spanische CASA, 1979 British Aerospace hinzu. Hauptsitz von Airbus wurde Toulouse-Blagnac. Zum zweitwichtigsten Standort wurde Hamburg-Finkenwerder. Immer wieder gab es Eifersüchteleien und Postenbesetzungsprobleme zwischen den Hauptanteilseignern Deutschland und Frankreich, namentlich im Management, die dem Erfolg des Unternehmens aber keinen gravierenden Abbruch taten.

Es soll hier nicht im einzelnen auf die wechselnden Eigentumsverhältnisse des Unternehmens eingegangen werden, allerdings muss eine einschneidende Veränderung erwähnt werden, die im Jahr 2000 stattfand. Bis auf British Aerospace schlossen sich in diesem Jahr alle anderen Mitglieder der Airbus Industrie zu EADS (European Aeronautic Defence and Space Company) zusammen. Airbus Industrie, Hauptgeschäft der EADS, firmiert seither als Airbus S.A.S., 20% der im juristischen Sinne französischen Airbus S.A.S. gehören British Aerospace.

Airbus-Standorte sind in Deutschland neben Hamburg (alle A318, A319, A321, Fertigungslinie der A320, A380-Rumpfteile, Innenausbau und Lackierung) Bremen (u.a. Landeklappen aller Typen), Buxtehude (Kabinenenelektronik) und Stade (Seitenleitwerke, CFK (Carbon)-Pionier). Kleinere Werke in Laupheim, Nordenham und Varel wurden geschlossen. In Frankreich ragt das Mutterwerk Toulouse heraus, wo die Endmontage von A300, A310, A320, A330, A340 und A380 stattfanden bzw. stattfinden und sich der Hauptsitz befindet. Kleinere Standorte sind in Nantes, Méaulte und Saint-Nazaire. In Großbritannien werden traditionell die Tragflächen aller Airbus-Typen hergestellt. Die Werke befinden sich in Filton bei Bristol (Entwicklung) und Broughton (Herstellung). In Spanien findet vor allem die Umrüstung bzw. Produktion der militärischen Airbus-Flugzeuge, namentlich A330 MRTT und A400M statt (letztere wird in diesem Buch nicht behandelt). Standorte sind Getafe (MRTT-Umbau), Illescas, Puerto Real und Sevilla (A400M-Endmontage). 2009 ging in Tianjin/VR China ein Werk zur Endmontage von für chinesische Airlines vorgesehene A320 in Betrieb.

Ungewöhnlich, und von Anfang an ein Markenzeichen von Airbus war die Komponentenbauweise in verschiedenenen Ländern. Dies erforderte eine eigene Flotte von Spezialfrachtern. Bis in die späten 90er Jahre wurden in Großbritannien gebaute Flügel, in Deutschland hergestellte Rumpfsegmente und in Spanien produzierte Teile mit Anfang der 50er Jahre gebauten und später modifizierten sogenannten „Super Guppies" nach Toulouse transportiert, um daraus ein Ganzes zu machen. Heute wird dafür ein eigenes Produkt eingesetzt, die „Beluga" (s.S. 38/39).

Bis Ende der 80er Jahre, also über fast zwei Jahrzehnte, produzierte Airbus praktisch nur einen Flugzeugtyp in zwei verschiedenen Ausführungen: die A300 bzw. A310, die hauptsächlich auf Kurz-und Mittelstrecken einen neuen Level an Komfort boten. Zwar wurde bereits um 1980 ein viermotoriges Langstreckenflugzeug geplant, das vor allem von Lufthansa protegiert wurde, doch gab es Meinungsverschiedenheiten bei Airbus, da gleichzeitig ein kleiner Kurzstreckenjet konzipiert wurde und die Kapazitäten für eine parallele Entwicklung von zwei Typen nicht ausreichten. So wurde dann Anfang der 80er zuerst die „kleine" A320 angekündigt, ein in mehrfacher Hinsicht revolutionäres Flugzeug im „Brot-und-Butter"-Markt des Inland- und Kontinentalverkehrs. Daraus, und aus den unterschiedlich langen Derivaten der A320 wurde das mittlerweile stückzahlmäßig zweiterfolgreichste Muster der zivilen Luftfahrt (ab S. 44), das sich mit der ab 2016 avisierten zweiten Generation anschickt, auch den ersten Platz zu erringen.

Wenige Monate nach dem Erstflug der A320 1987 wurde dann der Programmstart für den neuen Langstrecken-Airliner A340 verkündet. Die Entwicklung dieses Typs verlief bis auf Triebwerksprobleme vorbildlich, ähnlich verhielt es sich mit dem nur unwesentlich später auf den Markt kommenden zweimotorigen Schwestermodell für Mittelstrecken, der A330. Die A340, in den 90er Jahren das Flugzeug mit der größten Reichweite, fegte von Anfang an die Konkurrenz, die eigentlich nur aus der kurz zuvor debütierenden MD-11 von McDonnell-Douglas bestand, förmlich vom Markt. Allerdings wurde diese elegante Machine mittelfristig das Opfer von Entwicklungen, die so schnell nicht unbedingt vorhersehbar waren: den nach 2000 sprunghaft steigenden Treibstoffpreisen, der Entwicklung im Triebwerksmarkt und dem davon profitierenden drei Jahre später auf den Markt kommenden Konkurrenzmodell Boeing 777, sowie den immer mehr fallenden ETOPS-Beschränkungen für zweimotorige Flugzeuge. Auch die zweite Generation der A340 konnte daran nichts ändern, da Boeing sofort konterte. Das sich anfangs etwa im Verhältnis 50/50 zur A340 verkaufende Schwestermodell A330 profitierte hingegen von genau diesen Veränderungen und wurde erst so richtig erfolgreich, als man bereits anfing, über einen Nachfolger nachzudenken. Gleichzeitig bedeutete die A330 das langsame Aus für die A310, und, etwas zeitversetzt, auch für die mittlerweile alte A300.

Das ambitionierteste Projekt von Airbus, und bis dato der Zivilluftfahrt überhaupt, wurde anfangs A3XX genannt. Erste Überlegungen zu einem zweistöckigen Riesenflugzeug lassen sich auf die späten 80er Jahre zurückverfolgen. In der zweiten Hälfte der 90er sah Airbus den richtigen Zeitpunkt für gekommen, auch vor dem Hintergrund, dass Boeing eine geplante verlängerte 747 nicht weiterverfolgte. Im Jahr 2000 erfolgte der Starschuss zur Konstruktion der jetzt A380 genannten Maschine, deren Erprobungsphase nach einem noch halbwegs pünktlichen Erstflug Airbus in ernsthafte Schwierigkeiten brachte. Seit Ende 2007 endlich in Dienst, gilt sie heute als das mit Abstand komfortabelste, ruhigste und pro Passagier sparsamste Verkehrsflugzeug. Auf die A380 kann der Hersteller mit Recht stolz sein kann, und die Betreiber ebenso. Sie wird viele Jahre das Flaggschiff internationaler Airlines sein, ein 1:1-Konkurrenzmodell wird mit an Sicherheit grenzender Wahrscheinlichkeit nicht vor 2025 auf den Markt kommen können.

Da Boeing mit der 777 der A340 spätestens seit der Einführung der zweiten Generation, namentlich mit der 777-300 ER, ab 2003 das Wasser abgrub, war Airbus etwas früher als gewünscht gezwungen, in der „oberen Mittelklasse" der Langstreckenflugzeuge etwas grundsätzlich Neues auf die Beine zu stellen. Noch stärker wurde der Druck mit dem Launch der vor allem in der Materialwahl und im Kabinendesign revolutionären 787, die, zum Glück für Airbus, unter noch erheblicheren Startschwierigkeiten litt als die A380. Auch in diesem Segment werden viermotorige Flugzeuge in Zukunft nicht mehr konkurrenzfähig sein, daher wurde als Nachfolger ein Zweimotorer vorgesehen. Manch Luftfahrtfan wird es bedauern, ist doch die Konfiguration mit zwei unter die Flügel gehängten Antrieben jetzt schon die generischte, verbreitetste Form in der Zivilluftfahrt. Abgesehen von der A380 und der neuen 747-8 werden nach 2020 die Flughäfen von Tausenden weitgehend gleich aussehender Zweimotorer „bevölkert" sein, die sich für den Durchschnittspassagier optisch nur in der Größe unterscheiden. Ein Szenario der Langeweile, das dem Verfasser alles andere als gefällt.

Airbus´ erster Vorschlag zu dem neuen Langstreckler, die A350, kam bei den Kunden nicht so gut an, da sie gegenüber der 787 und der 777 zuwenig Neues, und schon gar nichts Überlegenes zu bieten hatte. Zur Luftfahrtshow im südenglischen Farnborough 2006 wurde dann die A350XWB angekündigt, die sowohl eine größere Rumpfbreite als die 787 hat als auch erheblich leichter sein soll als die 777, um damit beiden Konkurrenten gefährlich zu werden. Wie die 787 wird sie zu großen Teilen aus karbonverstärktem Kunststoff bestehen. Erste Teile wurden in der zweiten Jahreshäfte 2011 nach Toulouse geliefert, Erstflug soll Ende 2012 sein, allerdings kündigen sich moderate Verspätungen dieses in drei Rumpflängen geplanten Flugzeugs schon an.

Seit Anfang des Jahrtausends ist Airbus zusammen mit Boeing weltweiter Marktführer, oft sogar mit kleinem Vorsprung, was die Stückzahlen angeht. Es gibt keinerlei Anzeichen, dass sich das in absehbarer Zeit ändern würde. So ist die Geschichte von Airbus eine außergewöhnlich erfolgreiche, und das Unternehmen mit Recht eine der absoluten Spitzenfirmen Europas. Chapeau!

A300B1 und B2 - die Prototypen

Uneins darüber, wieviel Platz der Airbus bieten sollte, kam es kurz vor dem Bau des ersten Prototyps zu einer Planänderung und die Maschine wurde etwas kürzer als ursprünglich geplant. Die A300B1 mit dem Kennzeichen F-WUAB hob am 28.10.1972 zu Ihrem Erstflug ab. Auch der zweite Prototyp war eine B1 - zugleich aber auch die letzte Maschine dieser Variante. Die Airlines wollten ein größeres Flugzeug, keine einzige Gesellschaft optierte für die B1. Alle späteren A300-Serien, ob nun B2, B4 oder B4-600, waren deshalb 2,65 m länger.

Die interessanteste Bemalung der Testflotte trug die zweite Maschine, die das Kennzeichen F-WUAC erhielt. Um Interessenten zu begeistern, lackierte man sie in Airline-Farben - Iberia´s Lackierung war auf der rechten Seite zu sehen, die alte Bemalung der Air France auf der linken. Beide Bemalungen waren übrigens nie auf regulären Maschinen zu sehen. Die Nr. 2 unterschied sich vom ersten Prototyp durch einen zusätzlichen Notausgang. 1974 wurde sie nach der Testphase an die belgische TEA ausgeliefert (siehe auch Seiten 16/17).

Die dritte Maschine der Testflotte war die erste A300B2 und entsprach weitgehend bereits dem Serienstandard. Ein äußerlich sichtbarer Unterschied zur Serie ist der höher angesetzte Hecksporn zum Schutz vor Tailstrikes. Erstflug war der 28.6.1973. Anfangs trug sie die Kennung F-WUAD, 1975 erhielt die die Registrierung F-ODCX. Seit 1978 fliegt sie mit dem Kennzeichen F-BUAD. Die Illustration oben zeigt sie in der kurzlebigen zweiten Bemalungsvariante von 1976/77 mit grauem Bauch, die untere Zeichnung die bis 2007 verwendete Farbgebung. 1986 flog sie als Demonstrationsflugzeug für die damals neue Fly-by-Wire Technologie. 1996 wurde die Maschine an Novespace verkauft und seither für Astronautentrainings verwendet. Die F-BUAD macht regelmäßige Parabelflüge („Zero-G“-Programm), die das Flugzeug schon häufiger zum Star von Fernsehreportagen gemacht haben.

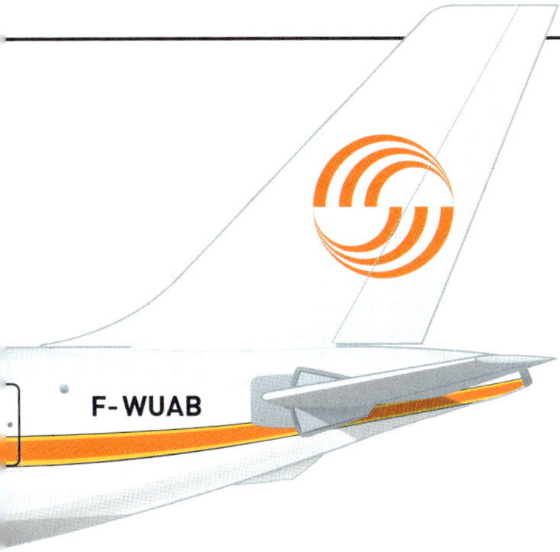

F-WUAB, der allererste Airbus, Urvater einer beinahe einmaligen Erfolgsgeschichte. Nach einem zweijährigen Testprogramm - im September 1973 erhielt sie aus unbekannten Gründen das neue Kennzeichen F-OCAZ - wurde sie bereits im August 1974 außer Dienst gestellt. Leider verschrottete man dann später dieses historisch bedeutsame Flugzeug. Teile existieren aber noch als Ausstellungsstücke in Toulouse. 2006 kaufte Airbus übrigens eine alte B4 zurück, die dann zum 35-jährigen Jubiläum die Bemalung und Registrierung des Prototypen erhielt und seither in Toulouse ausgestellt ist.

Airbus A300 B2/B4/C4/F4 (1973 - 1986)

Die A300 wurde ständig weiterentwickelt. Im Laufe ihrer Bauzeit gab es aber zwei klar getrennte Generationen, deren erste hier behandelt wird. Dazu gehören die Ur-Version A300B2-100 mit GE-Triebwerken und die ebenfalls von GE CF6-50 angetriebene A300B3-200 mit höherem Startgewicht und Krügerklappen an der Flügelwurzel. 1975 kam die A300B4-100 dazu, mit nochmals höherem Gewicht und Extratank. Sie gab es wie die spätere Version A300B4-200 außer mit dem CF6-50 auch mit dem Pratt & Whitney JT9-D-Triebwerk. Die Kennzeichnung „C" statt „B" bedeutet, dass es sich um ein Flugzeug mit Frachtür handelt. Zum Ende der Bauzeit wurde 1986 auch noch in geringer Zahl die Nurfrachter-Variante A300F4-200 gebaut. Insgesamt wurden 248 Maschinen der ersten Generation produziert.

A300B4-203. *Die auf diesen Seiten abgebildete Maschine wurde am 9.10.1981 an Eastern Air Lines mit dem Kennzeichen N224EA ausgeliefert. Von 1990 bis 1995 flog sie mit der Kennung N72987 für Continental Airlines, danach für Air Alfa. 1999 wurde sie zum Frachter umgebaut und an das Logistikunternehmen TNT verkauft. Die nunmehrige OO-TZA „Ad Scheepbouwer" war die 155ste vom Band gelaufene A300, ihre Typenbezeichnung lautete nach dem Umbau A300B4-203 (F). Das „F" in Klammern kennzeichnet einen nachträglichen Frachter-Umbau. Im Juli 2009 wurde die Maschine (vermutlich für immer) außer Dienst gestellt.*

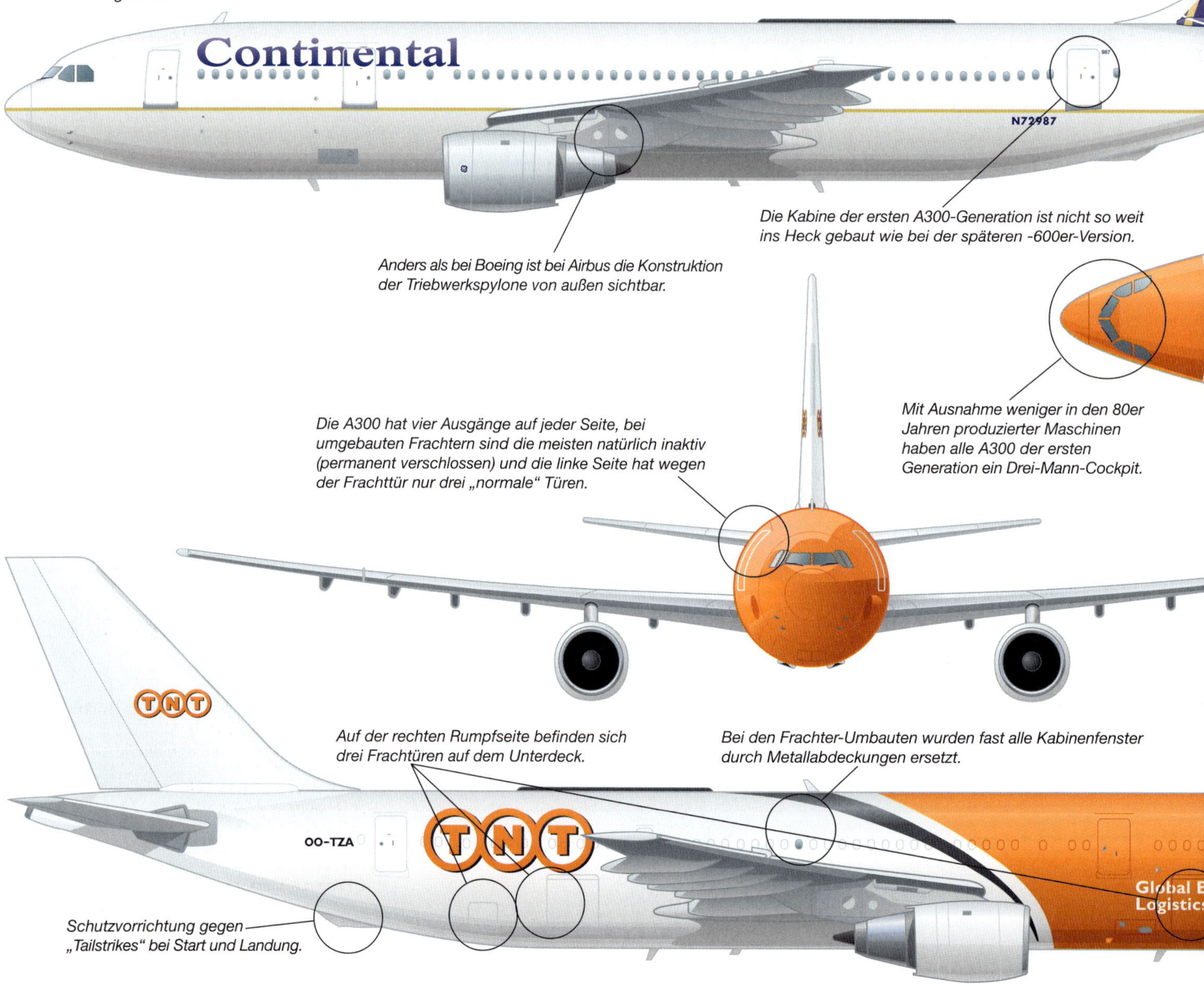

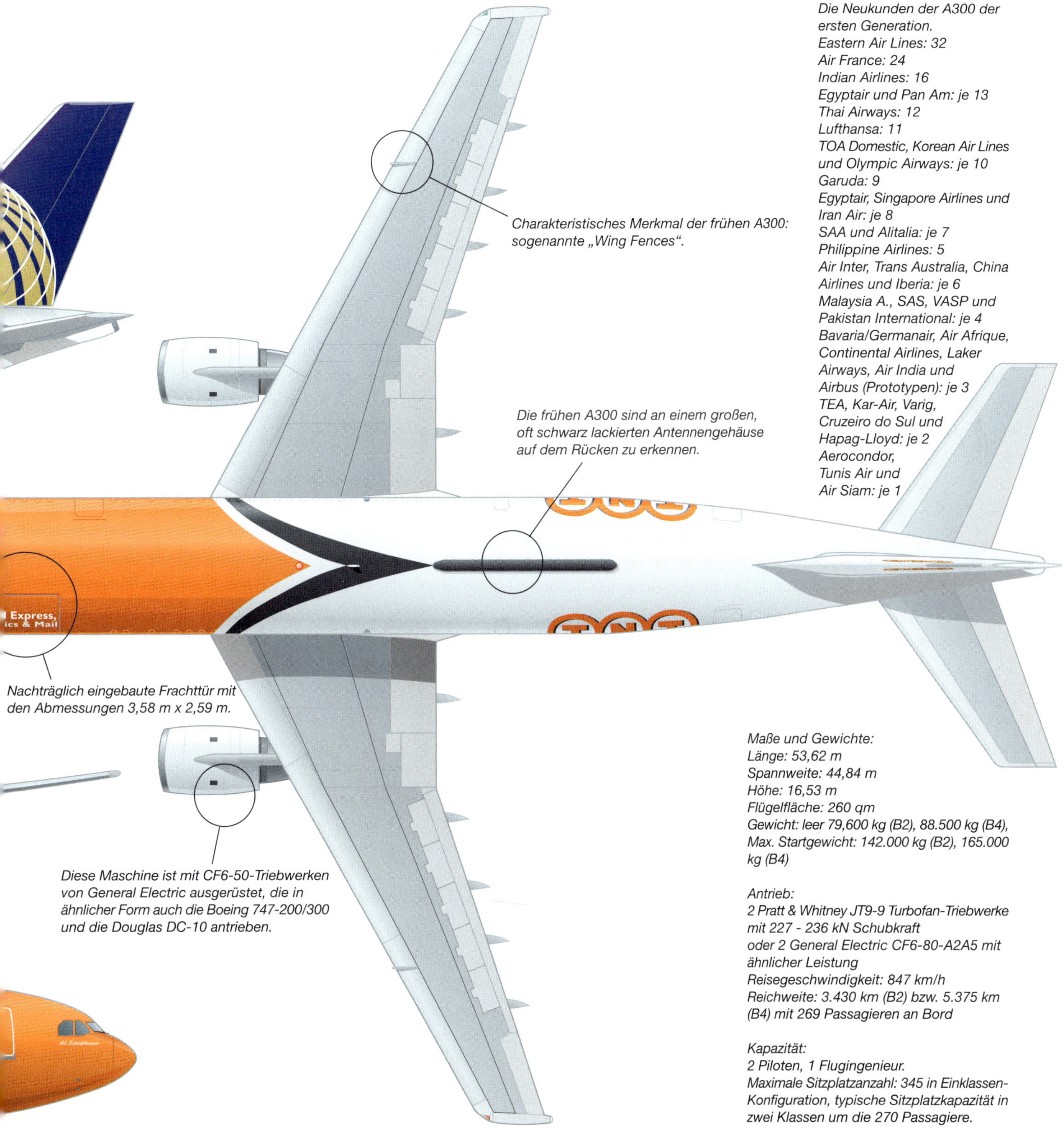

Charakteristisches Merkmal der frühen A300: sogenannte „Wing Fences".

Die frühen A300 sind an einem großen, oft schwarz lackierten Antennengehäuse auf dem Rücken zu erkennen.

Nachträglich eingebaute Frachttür mit den Abmessungen 3,58 m x 2,59 m.

Diese Maschine ist mit CF6-50-Triebwerken von General Electric ausgerüstet, die in ähnlicher Form auch die Boeing 747-200/300 und die Douglas DC-10 antrieben.

Die Neukunden der A300 der ersten Generation.
Eastern Air Lines: 32
Air France: 24
Indian Airlines: 16
Egyptair und Pan Am: je 13
Thai Airways: 12
Lufthansa: 11
TOA Domestic, Korean Air Lines und Olympic Airways: je 10
Garuda: 9
Egyptair, Singapore Airlines und Iran Air: je 8
SAA und Alitalia: je 7
Philippine Airlines: 5
Air Inter, Trans Australia, China Airlines und Iberia: je 6
Malaysia A., SAS, VASP und Pakistan International: je 4
Bavaria/Germanair, Air Afrique, Continental Airlines, Laker Airways, Air India und Airbus (Prototypen): je 3
TEA, Kar-Air, Varig, Cruzeiro do Sul und Hapag-Lloyd: je 2
Aerocondor, Tunis Air und Air Siam: je 1

Maße und Gewichte:
Länge: 53,62 m
Spannweite: 44,84 m
Höhe: 16,53 m
Flügelfläche: 260 qm
Gewicht: leer 79,600 kg (B2), 88.500 kg (B4),
Max. Startgewicht: 142.000 kg (B2), 165.000 kg (B4)

Antrieb:
2 Pratt & Whitney JT9-9 Turbofan-Triebwerke mit 227 - 236 kN Schubkraft
oder 2 General Electric CF6-80-A2A5 mit ähnlicher Leistung
Reisegeschwindigkeit: 847 km/h
Reichweite: 3.430 km (B2) bzw. 5.375 km (B4) mit 269 Passagieren an Bord

Kapazität:
2 Piloten, 1 Flugingenieur.
Maximale Sitzplatzanzahl: 345 in Einklassen-Konfiguration, typische Sitzplatzkapazität in zwei Klassen um die 270 Passagiere.

Die Anfänge des Liniendienstes

Die allerersten Aufträge für die A300 kamen wenig überraschend aus den beiden Airbus-Gründerländern, von Air France und der Lufthansa, Air Inter, der belgischen TEA Trans European Airways sowie einer Reihe kleinerer Airlines. Air France baute schnell eine große Flotte des zweistrahligen Großraumjets auf. Allerdings blieb es bei Maschinen der ersten Serien, spätere Varianten stießen merkwürdigerweise nicht mehr auf das Interesse der Staatsairline. Der Verkauf der A300 ließ anfangs sehr zu wünschen übrig, und viele Maschinen wurden auf Halde produziert.

A300B1, Baunummer 2. Die belgische Trans European Airways war nach Air France der zweite Carrier, der eine A300 geliefert bekam. TEA erhielt am 25.11.1974 den zweiten Werksprototyp (s. S. 12/13) und damit den einzigen A300B1, der von einer Airline eingesetzt wurde. Die OO-TEF blieb bis 1990 aktiv und fristete danach ihr Dasein in einer Ecke des Brüsseler Flughafens, bis sie 2003 schließlich abgewrackt wurde. TEA hatte noch eine zweite A300, eine B4-203. Die OO-TEG war die 17. produzierte Maschine und wurde am 16.10.1975 ausgeliefert, aber nur vier Jahre eingesetzt.

A300B4-103, Baunummer 12. Germanair erhielt 1975/76 zwei A300. Die D-AMAX war am 23.5.1975 die erste Maschine. Sie wurde auf den Namen „Maximilian" getauft. 1977 fusionierte die Airline zu Bavaria Germanair, Anfang 1979 ging sie in Hapag-Lloyd auf.

A300B4-2C, Baunummer 9. Ein Jahr nach der Fusion zu Bavaria Germanair kam eine Gebrauchtmaschine mit der Kennung D-AMAP zur Flotte, die 1974 als „Whitetail", d.h. ohne Abnehmer, gebaut worden war und nach zwei Jahren Untätigkeit für ein Jahr bei Air France flog, bevor sie zu Bavaria Germanair kam.

A300B2-101, *Baunummer 5. Die F-BVGA war der allererste Airbus, der an eine Airline ausgeliefert wurde. Am 10.5.1973 wurde die Maschine an Air France überstellt. Aus diesem Anlass führte die Airline diese neue, wenig gelungene Bemalung ein, die glücklicherweise nur drei Jahre verwendet wurde, und das auch nur auf wenigen Flottentypen.*

Nach einigen Maschinen der -100er-Serie schwenkte Air France auf die reichweitenstärkere -200 um und führte ihre inzwischen klassische, fast gänzlich weiße Bemalung ein. Die F-BVGK war der 70. Airbus, der die Werkshallen in Toulouse verließ und wurde am 27.4.1979 ausgeliefert. Nur drei Jahre alt, explodierte beim Start in Sanaa/Jemen das Triebwerk Nr.2 (rechts). Die Maschine konnte problemlos evakuiert werden, das durch den Schaden entstandene Feuer breitete sich aber aus und beschädigte das Flugzeug so sehr, dass eine Reparatur unmöglich wurde.

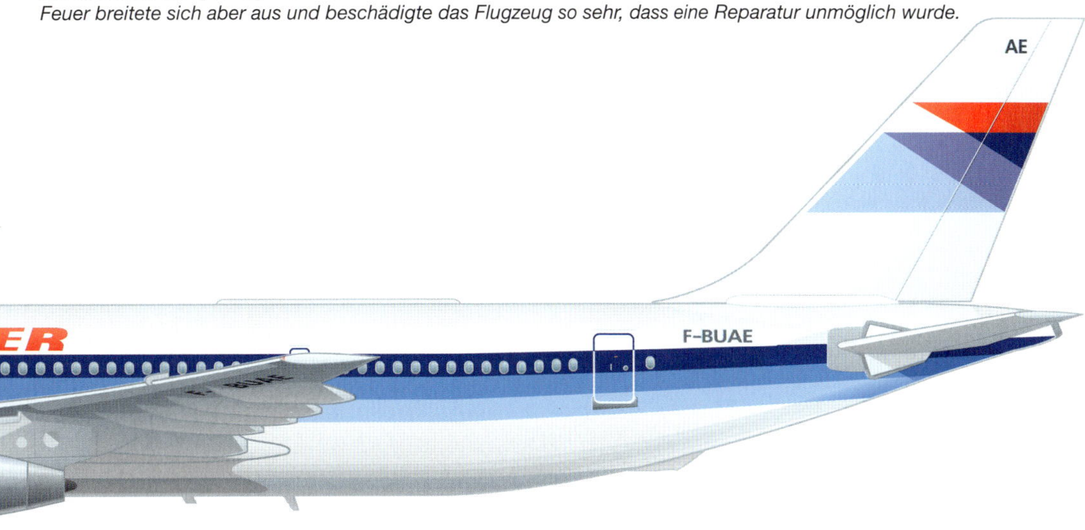

Die 1973 gebaute F-BUAE war als vierter Airbus ein Mitglied der Testflotte und trug während dieser Zeit die gleiche Air France Bemalung wie oben auf der F-BVGA zu sehen, bis sie am 22.1.1977 an Air Inter ging. Die A300B2-1C ist hier in der ursprünglichen Air Inter Bemalung von 1977 zu sehen, die im Laufe der Karriere mehrfach überarbeitet wurde. Anfang der 90er fusionierte die Airline mit Air France. 1996 wurde die inzwischen in die Jahre gekommene Maschine, die nach der Fusion immer noch in vollen Air Inter Farben flog, beim Pushback in Montpellier schwer beschädigt und abgeschrieben.

Kurz vor dem Scheitern

Nach mäßigen Anfangserfolgen drohte Airbus Mitte der 70er Jahre dennoch kurzzeitig das Aus. Flugzeuge wurden auf Halde produziert, die Maschinen wie Sauerbier angeboten, und nichts schien zu helfen. Neben den hier gezeigten Airlines gehörte noch South African Airways zu den frühen Abnehmern.

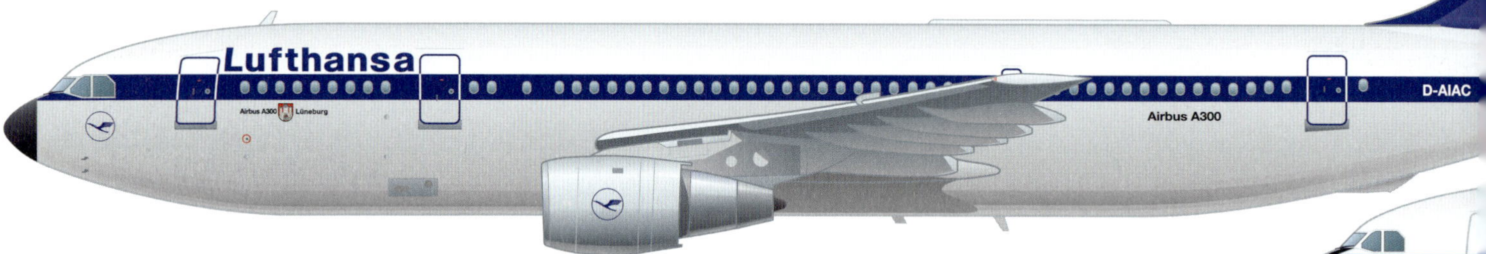

A300B2-101, *Baunummer 8. Air Siam erhielt am 17.10.1974 eine der allerersten A300. Die HS-VGD „Chao Praya“ flog nur ein Jahr für den kleinen, kurzlebigen thailändischen Carrier. Danach diente sie noch kurzzeitig bei der holländischen Transavia, flog schließlich 20 Jahre lang bis 1997 bei Air Inter und wurde dann als Ersatzteillager ausgeschlachtet.*

A400B2-103, *Baunummer 28 kam am 8.7.1976 als fünfte A300 an Korean Air Lines. Korean war ein wichtiger früher Besteller und die zweite asiatische Airline auf der Kundenliste. Die HL7223 flog mit kurzer Unterbrechung bis 1997 für die 1984 in Korean Air umbenannte Airline und wurde im Jahr darauf in den USA verschrottet.*

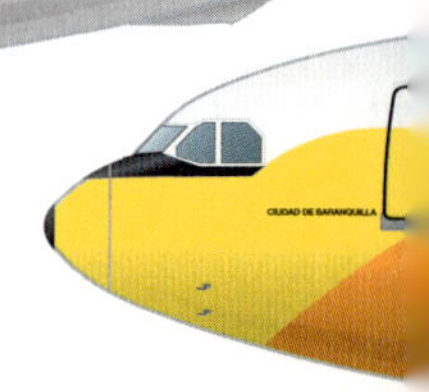

A300B4-102. *Ein weiterer exotischer früher Kunde war die Aerocondor Colombia, die Ende 1977 zu wohl sehr attraktiven Konditionen die 1976 als „Whitetail“ ohne Auftrag gebaute Baunummer 29 per Leasing übernahm. Die HK-2057 blieb die einzige Maschine dieses Typs in der kleinen Flotte dieser kurzlebigen Gesellschaft und wurde bereits 1979 von Airbus zurückgeholt. Sie flog danach für Air Inter und Holiday Air, bevor sie 1996 eingemottet und 1998 ausgeschlachtet wurde.*

A300B2-101, *Baunummer 34. Die A300 war das ideale Flugzeug für die Hauptstrecken auf dem indischen Subkontinent. Indian Airlines erhielt insgesamt 16 A300, allesamt frühe Maschinen, die mittlerweile außer Dienst gestellt oder verschrottet wurden. Die hier gezeigte VT-EDV wurde am 31.10.1976 ausgeliefert. Am 15.11.1993 fiel sie einer wahren Odyssee zum Opfer. Mit Ruderproblemen versuchte die Maschine bei schlechter Sicht vergebens an verschiedenen Orten zu landen und musste schließlich mit Treibstoffmangel in Reisfeldern notlanden.*

A300B4-203, *Baunummer 72. Die HS-THO kam am 16.3.1979 unter dem Kennzeichen HS-TGO als bereits sechste A300 zu Thai Airways International. Die „Srichulalak“ getaufte Maschine wurde 1989 in HS-THO umregistriert, da die „TG“ gekennzeichneten Maschinen ausschließlich Boeing 747 sein sollten. Am 22.10.1994 wurde der auf dem Bangkoker Flughafen abgestellte Airbus von einer MD-11 gerammt, wobei der rechte Flügel schwer beschädigt wurde. Die 15 Jahre alte Maschine wurde nicht repariert und der Flughafenfeuerwehr für Übungen zur Verfügung gestellt bis man sie 2001 abwrackte.*

***A400B2-1C**, Baunummer 26. Die A300 wurde nur sehr langsam eingeführt. Lufthansa zum Beispiel erhielt ihren ersten von elf A300B2/B4 erst eine ganze Zeit nach der Air France. Die D-AIAC war der dritte Airbus des deutschen Flagcarriers. Am 25.4.1976 wurde die Maschine nach Frankfurt überstellt. Sie wurde auf den Namen der schönen Stadt „Lüneburg“ getauft, flog aber nur sieben Jahre mit dem Kranich am Heck. Nach zwei Jahren bei der US-amerikanischen Northeastern gelangte die Kurz-und Mittelstreckenmaschine zu Indian Airlines. 2002 wurde sie nach 26 Jahren endgültig außer Dienst gestellt.*

Die lange Suche nach der Erfolgsspur

Ein Riesenauftrag der US-Gesellschaft Eastern Air Lines über zuerst 23 Maschinen bedeutete nach einer bedrohlichen Durststrecke schließlich den Durchbruch für die A300. Wenn auch danach nicht mehr viele Airlines aus den Vereinigten Staaten auf die Kundenliste für A300-Neuflugzeuge gesetzt werden konnten, sind interessanterweise im Jahr 2011 die meisten A300 bzw. A310 in den USA registriert - als Frachter.

A300B4-203, *Baunummer 305. In den frühen 80ern orderte Pan American World Airways, besser bekannt als Pan Am, 12 Airbus A300B4-203, die ab 1984 in der damals gerade eingeführten „Billboard"-Bemalung ausgeliefert wurden. Der im März 1985 ausgelieferte „Clipper Guatemala" mit dem Kennzeichen N209PA flog bis zur Pleite Ende 1991 für die einstmals wohl berühmteste Airline der Welt. Von 1995 bis 2001 war sie an die Philippine Airlines verleast, danach wurde sie eingelagert und 2005 nach nur zwölfeinhalb Jahren aktivem Dienst abgebrochen. Auch die Mitte der 90er Jahre auf Sparflamme neugegründete, kurzlebige Pan Am II flog übrigens einige ältere A300 in denselben Farben.*

A300B4-203, *Baunummer 117. Von 1980 bis 1983 erhielt Singapore Airlines acht A300, die allerdings bereits 1985 zurückgegeben wurden. Die 9V-STA wurde am 6.6.1986 mit der Kennung N966C an Continental Airlines verkauft und 1990 in N14966 umregistriert. 1995 wurde sie abgegeben und zum Frachter umgebaut. 2011 flog die Maschine für die türkische Kuzu Cargo und war damit eine der ältesten noch aktiven A300.*

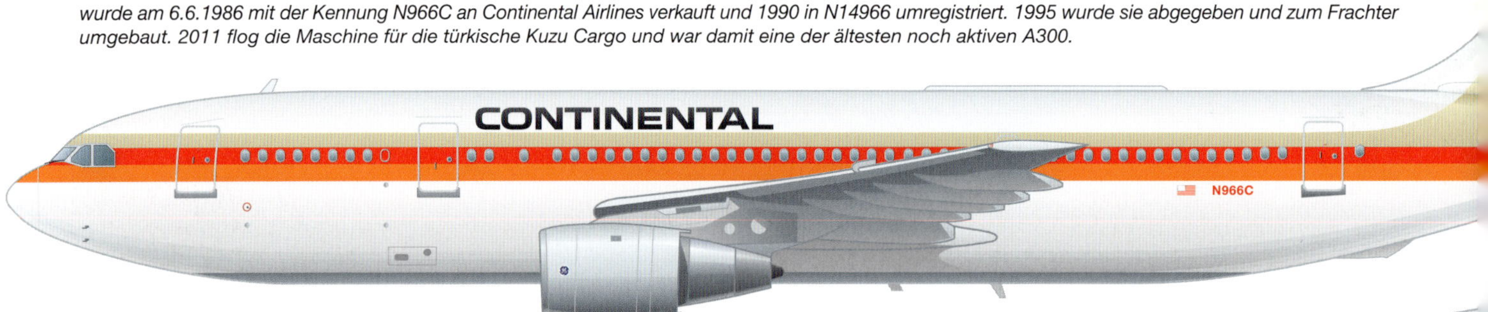

A300B2-203, *Baunummer 61. Noch zu Zeiten des Schah bestellte Iran Air einige A300, die z.T. in den Wirren der Revolution 1979 wieder zurückgeben wurden. Im Laufe der Zeit erhielt Iran Air etliche A300 verschiedener Serien, neu und gebraucht, und die Airline ist heute der größte verbliebene Betreiber von A300-Passagiermaschinen weltweit. Die 1980 ausgelieferte EP-IBR hatte bereits 20 überwiegend auf Kurzstrecken verbrachte Dienstjahre auf dem Buckel (aber überraschend geringe 33.700 Flugstunden), als sie Anfang Februar 2000 auf dem Flughafen von Teheran von einer Luftwaffen-Transportmaschine gerammt und dabei irreparabel beschädigt wurde. Zu diesem Zeitpunkt trug sie noch als eine der letzten Maschinen die alte Bemalung der Airline.*

***A300B4-2C**, Baunummer 41. Es war eine US-amerikanische Airline, die Anfang 1991 eingegangene Eastern Air Lines, die für den endgültigen internationalen Durchbruch der A300 verantwortlich war - nachdem Airbus der finanziell klammen Gesellschaft ein Angebot gemacht hatte, das sie ob unschlagbarer Konditionen nicht ablehnen konnte. Die N201EA war die erste von letztendlich 35 Maschinen dieses Typs, von denen 33 Neuflugzeuge waren. Sie wurde am 3.12.1977 ausgeliefert und flog bis 1987 in der klassischen Bemalung, danach noch weitere drei Jahre bis zum Bankrott in einer weitgehend grauen Lackierung (dazu ist zu sagen, das die Eastern-Flotte zu dieser Zeit eigentlich metallisch silbern auftrat, die A300 aber aus technischen Gründen grau lackiert werden mussten). 1998 wurde sie zum Frachter umgebaut, und dieser Umstand führte dazu, dass dieses Flugzeug noch bis 2010 aktiv war.*

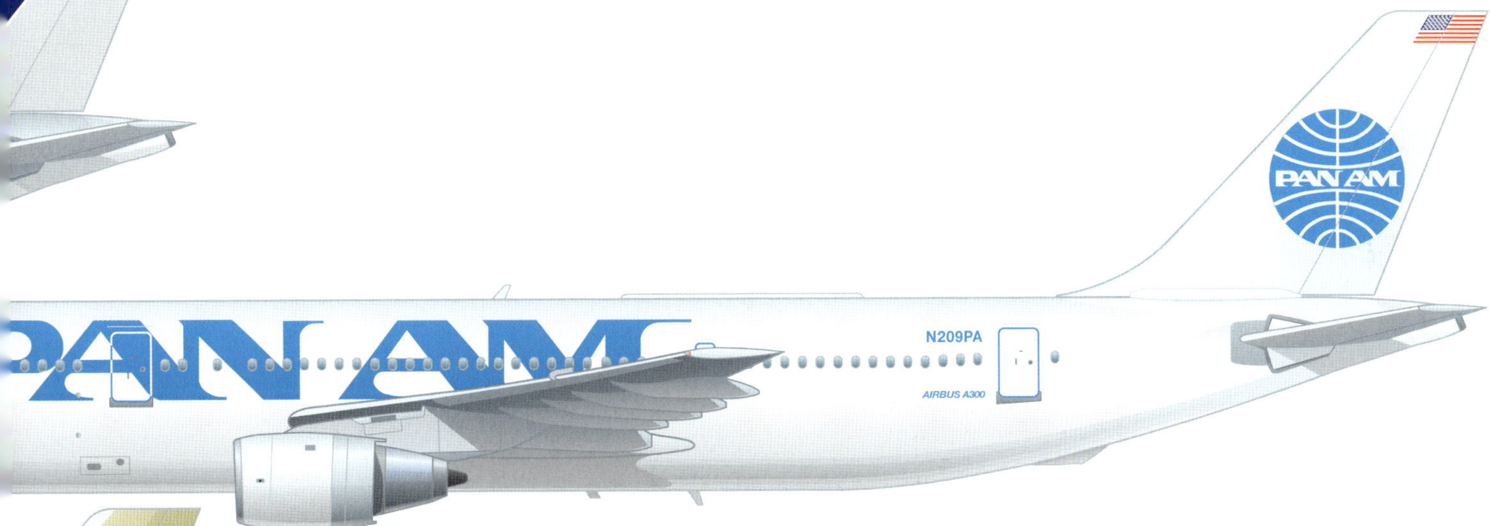

Fest etablierte Größe

In den 80er Jahren wurde die A300 dann endlich zu einem auf dem Markt fest fest etablierten Flugzeugtyp. Ob bei Linien- oder Ferienfluggesellschaften, auf Kurz- und Mittelstrecken war die A300 wegen ihrer überzeugenden Ökonomie, Zuverlässigkeit und des Komforts beliebt und begann, ältere DC-10 und Tristar zu verdrängen.

A300B2K-3C, *Baunummer 90. TOA Domestic Airlines, eine japanische Inlandsgesellschaft, machte aus den beengten Verhältnissen im Land eine Tugend und beschaffte eine größere Zahl der effektiven A300, und zwar eine extra für die Airline produzierte Kurzstreckenvariante. Die JA8466 war eine der ersten Maschinen dieses Typs. 1988 wurde die Airline in JAS umbenannt, behielt aber ihr grafisches Erscheinungsbild und damit die alte Flugzeugbemalung. Nach der Fusion mit JAL 2003 wurde die Maschine verkauft. Nach kurzen Stationen bei wechselnden türkischen Airlines fliegt sie heute für Mahan Air, als älteste noch aktive Passagier-A300.*

A300B4-203, *Baunummer 177. Air India beschaffte in den frühen 80er Jahren eine sehr überschaubare Anzahl von A300, gerade mal drei Stück. Die VT-EHN, der man den Namen „Ganga" gab, stieß am 28.7.1982 zur Flotte. 2002 wurde sie ausgemustert und der afghanischen Ariana kostenlos überlassen. Nach einer überharten Landung in Istanbul am 23.3.2007 wurde das jetzt YA-BAD registrierte Flugzeug abgeschrieben.*

A300B4-203, *Baunummer 269. Die eigentlich nur im zentraleuropäischen Raum mit kleineren Maschinen operierende Luxair leaste in den 80er Jahren jeweils kurzfristig große Flugzeuge. Darunter war die LX-LGP, die ursprünglich am 22.9.1983 an Singapore Airlines ausgeliefert worden war. Bereits ein Jahr später mietete Luxair die Maschine und behielt sie bis Ende 1987. Letzer Besitzer des Flugzeugs war ab 2005 die türkische MNG Airlines, die die alternde A300 aber bereits ein Jahr später ausmusterte.*

A300B4-2C, *Baunummer 194. Varig hatte nur zwei A300 in der Flotte. Und das auch nur für relativ kurze Zeit. Die PP-VNE wurde am 23.6.1982 überstellt und Ende 1989 an die japanische JAS weitergegeben. Von 2003 an flog sie für die türkische Fly Airlines, 2006 wurde das Flugzeug verschrottet.*

A300B4-203, *Baunummer 282. Air Afrique kaufte von 1981 bis 1984 drei neue A300, wobei die am 13.9.1984 ausgelieferte TU-TAT die letztgebaute war. Am 12.2.2000 kam nach 38.400 Flugstunden das Ende, als auf dem Flughafen von Dakar kurz vor einem Flug nach Paris das linke Hauptfahrwerk kollabierte. Die resultierenden Beschädigungen machten die A300 zum Totalverlust. Außer der Versicherung kam niemand zu Schaden. Bis zu diesem Unfall hatte die Maschine 19.600 Flüge absolviert, war also vor allem Kurzstrecke geflogen.*

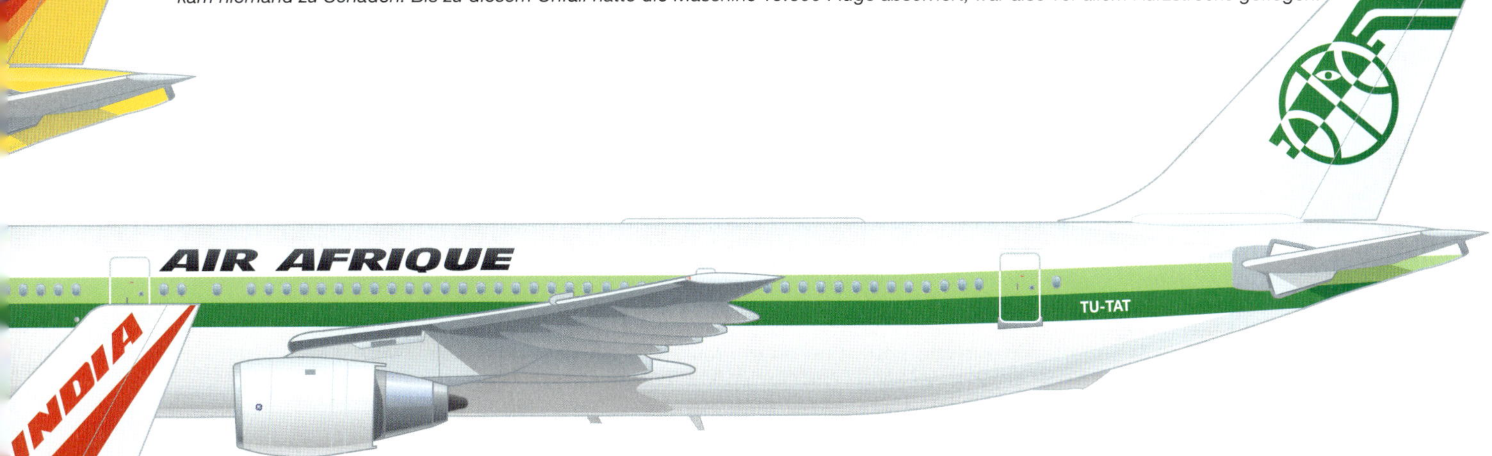

A300B4-103, *Baunummer 64. Die noch junge Emirates leaste vom 21.10.1985 bis Dezember 1988 die zu dem Zeitpunkt der pakistanischen PIA gehörende ehemalige D-AHLA der Hapag-Lloyd. Darum das Kennzeichen AP-BBM. 2005 wurde die Maschine in Karachi verschrottet, um Ersatzteile für die türkische MNG zu liefern.*

Airbus A310-200/300 (1982 - 1998)

Einige Jahre nach der Einführung der A300 meldeten einige Airlines ernsthaftes Interesse an einer Langstreckenversion der A300 an. Da die damalige Triebwerkstechnologie noch nicht soweit war, entsprechend leistungsstarke Motoren zu entwickeln, die eine große zweimotorige Maschine auf Interkontinentalstrecken hättne antreiben können, entwickelte Airbus ab 1978 die sieben Meter kürzere A310 mit einer weiter nach hinten ins Heck verlängerten Passagierkabine. Das Zweimann-Cockpit war die wichtigste technische Neuerung der A310. Die Erstbesteller Swissair und Lufthansa erhielten ihre ersten Maschinen im März 1983. Die ursprüngliche A310-200 war dabei mit 6800 km maximaler Reichweite noch kein ausgesprochenes Langstreckenflugzeug, erst die ab 1986 erhältliche -300 konnte mit 9600 km die Erwartungen der meisten Airlines erfüllen. Airbus bot die A310-200 auch als Frachter an, jedoch wurde kein einziger geordert. Interessanterweise wurden gebrauchte A310 später zum Großteil zu Frachtern umgerüstet.

__A310-221.__ Die allererste A310 trug die Baunnummer 162 und während der Testphase die Kennung F-WZLH, Erstflug der Maschine war der 3.4.1982. Ungewöhnlicherweise trug sie nicht die Werksbemalung (die bekam erst der zweite Prototyp mit GE-Triebwerken), sondern die Farben der Swissair auf der rechten und die der Lufthansa auf der „Schauseite" links. „Basel-Land" war der Taufname der HB-IPE nach deren Auslieferung an Swissair am 21.3.1983. Da hatte Lufthansa bereits ihren ersten A310 in Dienst. Wie so viele A310 endete diese Maschine bei Fedex, und zwar 1997 nach einem eineinhalbjährigen Zwischenspiel bei der französischen Air Liberté. Die von Fedex „Selna" getaufte N450FE war 2011 noch aktiv.

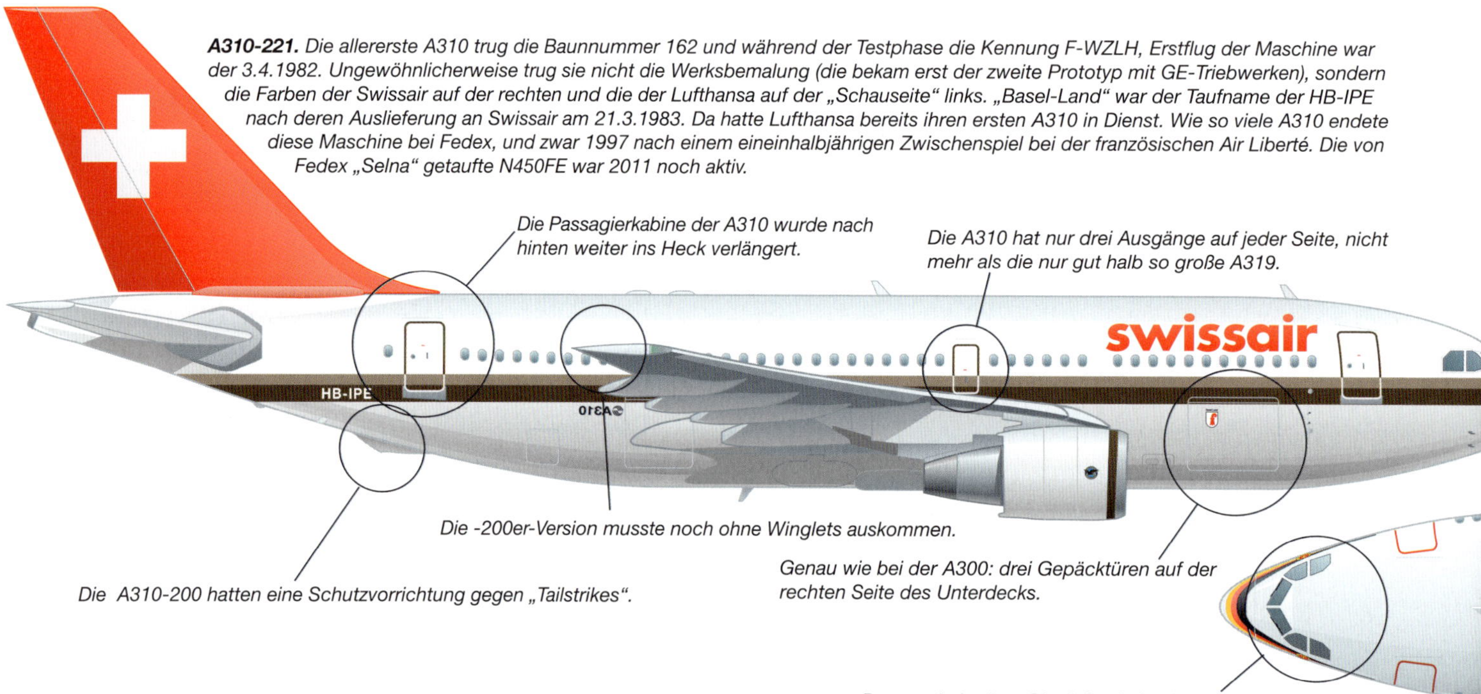

__A310-304.__ Die DDR-ABA wurde am 26.6.1989, nur wenige Monate vor dem Fall des „Eisernen Vorhangs", an die Interflug ausgeliefert. Kurz nach der Wiedervereinigung kam die Maschine mit der Baunummer 498 in den Besitz der Bundesluftwaffe und wurde zum VIP-Jet umgebaut (s. S. 32/33). Die drei A310 der Interflug hatten im Unterflurbereich übrigens zusätzliche Tanks.

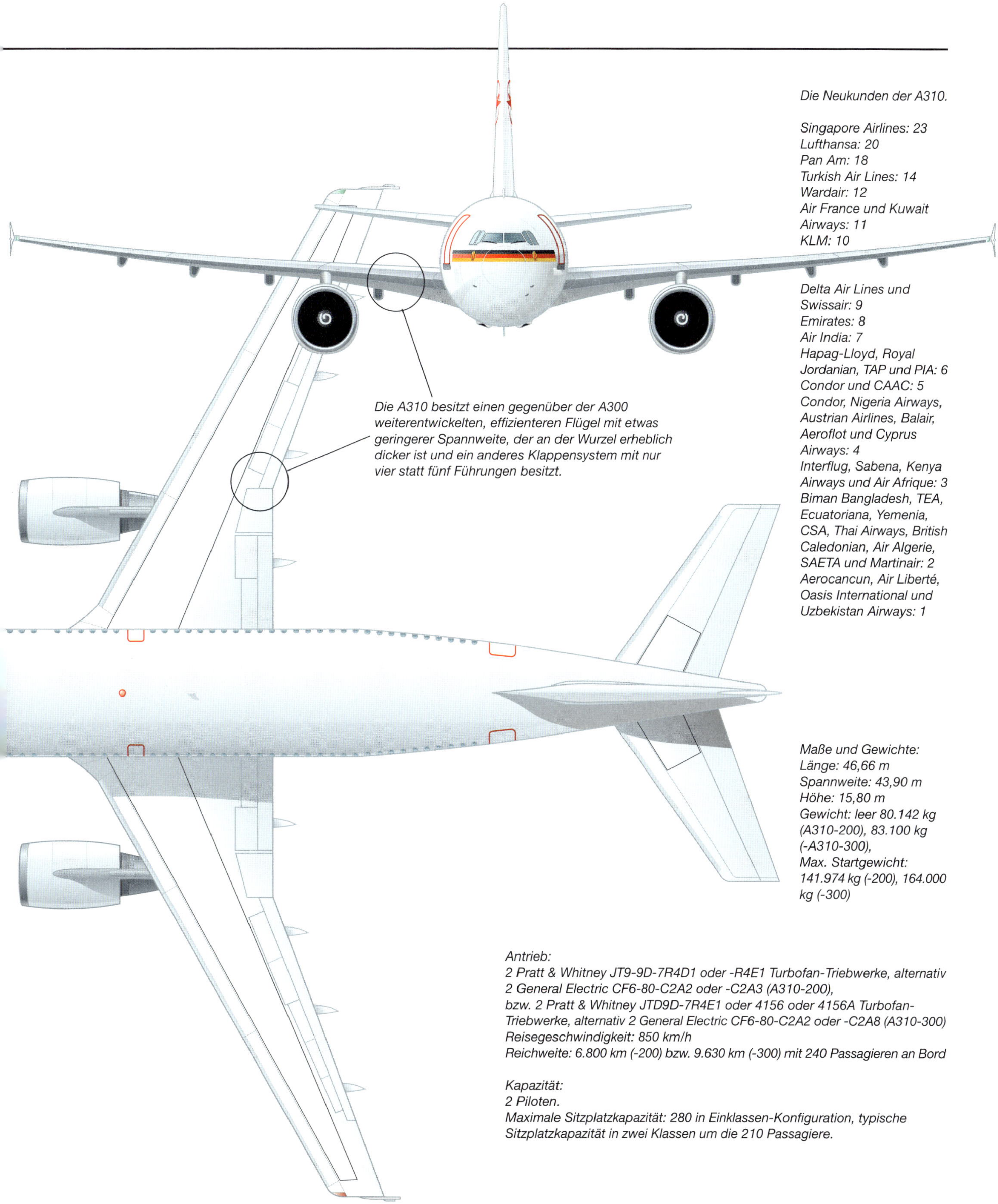

Die A310 besitzt einen gegenüber der A300 weiterentwickelten, effizienteren Flügel mit etwas geringerer Spannweite, der an der Wurzel erheblich dicker ist und ein anderes Klappensystem mit nur vier statt fünf Führungen besitzt.

Die Neukunden der A310.

Singapore Airlines: 23
Lufthansa: 20
Pan Am: 18
Turkish Air Lines: 14
Wardair: 12
Air France und Kuwait Airways: 11
KLM: 10
Delta Air Lines und Swissair: 9
Emirates: 8
Air India: 7
Hapag-Lloyd, Royal Jordanian, TAP und PIA: 6
Condor und CAAC: 5
Condor, Nigeria Airways, Austrian Airlines, Balair, Aeroflot und Cyprus Airways: 4
Interflug, Sabena, Kenya Airways und Air Afrique: 3
Biman Bangladesh, TEA, Ecuatoriana, Yemenia, CSA, Thai Airways, British Caledonian, Air Algerie, SAETA und Martinair: 2
Aerocancun, Air Liberté, Oasis International und Uzbekistan Airways: 1

Maße und Gewichte:
Länge: 46,66 m
Spannweite: 43,90 m
Höhe: 15,80 m
Gewicht: leer 80.142 kg (A310-200), 83.100 kg (-A310-300),
Max. Startgewicht: 141.974 kg (-200), 164.000 kg (-300)

Antrieb:
2 Pratt & Whitney JT9-9D-7R4D1 oder -R4E1 Turbofan-Triebwerke, alternativ 2 General Electric CF6-80-C2A2 oder -C2A3 (A310-200),
bzw. 2 Pratt & Whitney JTD9D-7R4E1 oder 4156 oder 4156A Turbofan-Triebwerke, alternativ 2 General Electric CF6-80-C2A2 oder -C2A8 (A310-300)
Reisegeschwindigkeit: 850 km/h
Reichweite: 6.800 km (-200) bzw. 9.630 km (-300) mit 240 Passagieren an Bord

Kapazität:
2 Piloten.
Maximale Sitzplatzkapazität: 280 in Einklassen-Konfiguration, typische Sitzplatzkapazität in zwei Klassen um die 210 Passagiere.

A310-200, die Interimslösung

85 Maschinen des Typs A310-200 liefen zwischen 1982 und 1988 vom Band, bis die erste Variante der A310 gänzlich von der 1985 gestarteten -300 abgelöst wurde. Nur wenige Maschinen der ersten A310-Version sind bei Drucklegung noch aktiv. Fast alle 2011 noch aktiven A310-200 sind Frachter bei Fedex (Federal Express), werden jedoch z. Z. ebenfalls nach und nach ausgemustert.

A310-221/203. *Der zweite Werksprototyp F-WZLI wurde nach Umrüstung auf GE-Triebwerke und entsprechender Umbenennung am 14.3.1986 an Air France veräußert. Die nunmehrige F-GIMF verbrachte aber nur acht Jahre bei den Franzosen und kam am Ende 1994 zur türkisch-zypriotischen KTHY (Kibris Turk Hava Yollari). 2006 wurde die TC-JYK ausgemustert.*

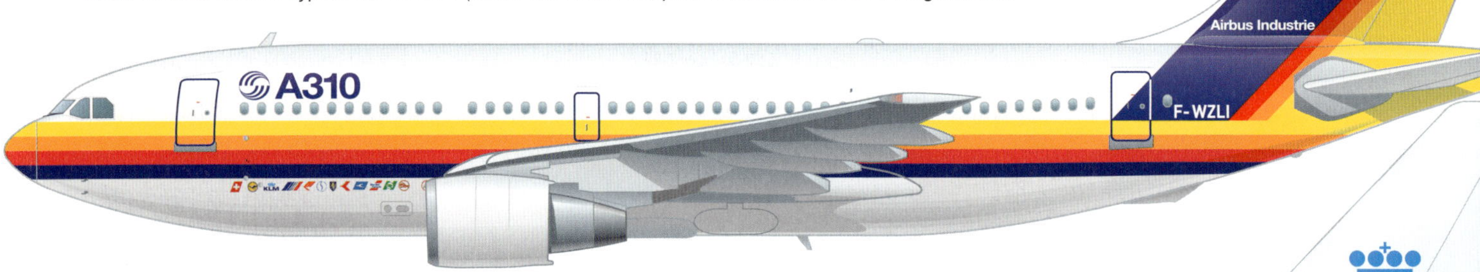

A310-203. *Mit der Bandnummer 241 am 26.4.1993 an KLM ausgeliefert und PH-AGA registriert, flog die auf den illustren Namen „Rembrandt" getaufte A310 bis 1996 für den holländischen Flagcarrier und kam dann wie viele A310 zum Paketdienst Fedex. Die N424FE „Kendall" wurde im Oktober 2009 ausgemustert.*

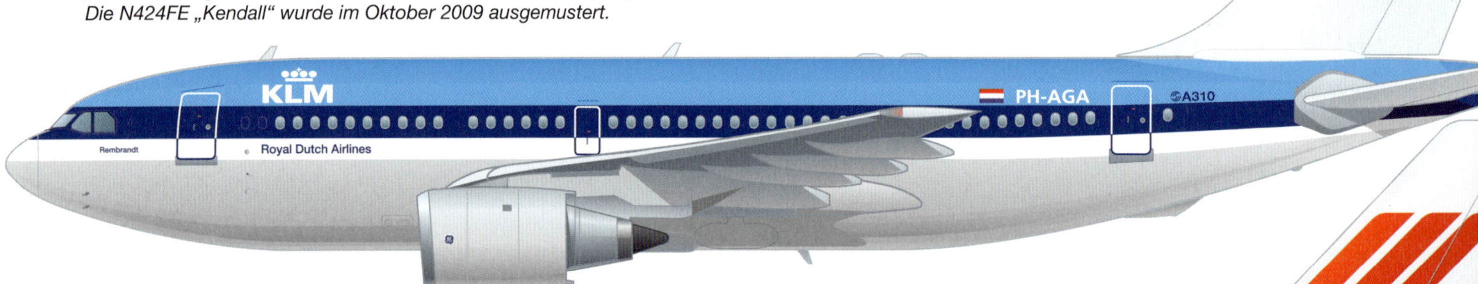

A310-204C. *Martinair's PH-MCB ist etwas Besonderes, eine A310C, und zwar die einzige A310C. „C" steht für Combi, denn diese Maschine erhielt eine Frachttür auf dem Oberdeck ab Werk. Am 29.11.1984 ausgeliefert, kaufte 1995 Fedex diese Maschine. Im Oktober 2009 wurde sie ausgemustert.*

A310-222. *Auf der Liste der Erstbesteller der A310 taucht ein ungewöhnlicher Name auf: Nigeria Airways. Die Airline erhielt 1984 vier A310, die allesamt kein langes Leben hatten und bereits ab Mitte der 90er Jahre in Lagos abgestellt wurden, um dort langsam zu verrotten oder abgewrackt zu werden. Warum die Maschinen nicht weiterverkauft wurden ist nicht bekannt, hat aber vermutlich mit den Wirren der damals zu Ende gehenden Militärdiktatur und deren extremer Korruption zu tun. Die 5N-AUF hat die Baunummer 285 und wurde am 14.12.1984 ausgeliefert, am selben Datum wie die Schwestermaschinen. Die „River Ethiope" existiert noch, allerdings ist sie seit etwa 1996 nicht mehr geflogen, mittlerweile völlig vermodert und in irreparablem Zustand.*

A310-203*. Die 360. Maschine der A300/A310-Baureihe wurde am 15.2.1985 mit der Kennung D-AICP an Condor ausgeliefert und erhielt die kurzlebige graue Lackierung der damals zu Lufthansa gehörenden Charterairline. 1990 wurde sie an die LH weitergegeben, flog aber noch einige Zeit mit grauem Rumpf. Im August/September 1993 leaste Turkish Airlines das Flugzeug, das schließlich im November 1994 an Federal Express verkauft wurde. Dort wurde es zum Frachter umgebaut und flog unter der Registrierung N412FE und dem Namen „Corine“ noch bis Oktober 2009.*

A310-300, die definitive A310

1985 zum ersten Mal gestartet, löste die -300 die -200 im Jahre 1988 endgültig ab. Allerdings war der A310 nach Einführung neuer Airbus-Typen in den 90er Jahren keine lange Karriere beschieden. Zwar wurden von der -300 deutlich mehr als von der -200 gebaut, die Gesamtproduktion der A310 belief sich bis zur Auslieferung der letzten Maschine 1998 aber auf nur 255. Die A310 wurde auch danach noch angeboten, es wurde aber keine einzige Maschine mehr gebaut.

A310-304. *Die am 5.11.1991 an Lufthansa ausgelieferte D-AIDM wurde vom 12.8.1999 bis zum 1.2.2001 an Air Afrique verleast und erhielt dort die Kennung TU-TAZ. 2004 verließ die Maschine auch die Lufthansa und fliegt nach einem fünfjährigen Zwischenspiel bei Air Transat inzwischen als EP-MNO für die iranische Mahan Air.*

A310-304. *Hapag-Lloyd hatte insgesamt 14 A310, davon 10 der -300er Serie. Die D-AHLB, Baunummer 528, kam am 10.1.1990 als Neuflugzeug zur Flotte. Die gleiche Kennung hatte übrigens bereits eine A300 der Airline getragen. Hier ist die A310 in der späteren Bemalungsversion zu sehen, der ursprünglich graue Bauch wurde 1999 weiß übermalt. Die Maschine fand am 12.7.2000 ein unrühmliches Ende, als nach dem Start in Khania/Kreta auf Flug 3378 nach Hannover das rechte Hauptfahrwerk nicht mehr eingefahren werden konnte. Man entschied sich für München als Ausweichflughafen. Über dem Balkan wurde aber schnell klar, das der erhöhte Kerosinverbrauch dieses Ziel unerreichbar machte. Jetzt wurde Wien angesteuert, aber auch die österreichische Hauptstadt war zu optimistisch gewählt, was sich zeigte, als beim Anflug beide Triebwerke durch Spritmangel ausfielen. Antriebslos segelte die Maschine dahin, und nur mit viel Glück setzte man schliesslich 500m vor der Landebahn auf, wobei die Maschine so schwer beschädigt wurde, das man sie nur noch verschrotten konnte. Alle 150 Insassen kamen mit dem Schrecken davon.*

A310-324. *Ein Airbus in Delta-Farben war bis in unsere Tage selten. Als Pan Am 1991 Pleite ging, übernahm Delta die A310 des einstmals bekanntesten Carriers der Welt. So auch die N812PA, die am 17.6.1987 ausgeliefert worden war. Die Maschine mit der Baunummer 442 blieb aber nicht lange bei Delta, bereits im März 1994 wurde sie an den Leasinggeber retourniert. Danach flog sie mit der Kennung F-OGYP für Aeroflot und ab 2004 für Sibir Airlines, in deren Diensten sie 2006 katastrophal verunfallte (s. S. 41).*

A310-324. *Die Baunummer 378 war der Prototyp der -300er-Baureihe. Nach der Erprobungsphase behielt Airbus die 1985 gebaute Maschine noch einige Jahre, bis sie schließlich am 27.1.1989 mit dem Kennzeichen P2-ANA an Air Niugini ging. 2002 wurde sie an Fedex verkauft und stand drei Jahre untätig herum, bevor sie letztendlich zum Frachter umgebaut wurde. Die N803FD war 2011 noch im Einsatz.*

A310-304. *Die 416. Maschine der A300/A310-Baureihe wurde am 15.5.1986 als erste von drei A310 an Kenya Airways ausgeliefert, drei weitere kamen später als Gebrauchtmaschinen hinzu. Hier ist die 5Y-BEL mit dem in der zweiten Hälfte der 90er Jahre eingeführten roten Leitwerk zu sehen. Anfang 2002 ging das inzwischen 16 Jahre alte Flugzeug an Royal Jordanian Airlines, im Januar 2011 wurde die die mittlerweile JY-AGP registrierte Maschine außer Dienst gestellt.*

A310-304. *Royal Jordanian Airlines erhielt am 8.2.1988 mit der Baunummer 445 ihren ersten A310. Die Maschine erhielt eine französische Registrierung, F-ODVF, und wurde Ende 2002 zum Frachter umgebaut, nachdem sie Anfang der 90er Jahre jeweils kurzzeitig an verschiedenene Airlines verleast worden war, unter anderem an Malaysia Airlines, die den Airbus vom 1.3.-1.11.1990 in nicht ganz kompletter Bemalung einsetzte.*

Typische A310-300-Laufbahnen

A310-304. *Baunummer 598 illustriert gut das schwindende Interesse an der A310 im neuen Jahrtausend und die vorzeitige Verschrottung so mancher Maschine. Am 16.3.1991 an die ecudorianische SAETA ausgeliefert, trug die „Galapagos“ getaufte HC-BRP bereits 1995/96 auf der linken Seite die ähnliche Bemalung der paraguayischen LAPSA. Im August 1998 mit der Kennung JY-AGS an Royal Jordanian verleast, flog die Maschine aber bis 1999 noch in SAETA-Basisfarben. Im Dezember 2002 kam dieses Flugzeug per Leasing zu Air India. Nachdem die VT-EVW „Cauvery“ 2008 zurückgegeben wurde und man keine weitere Verwendung mehr fand, wurde sie im März 2009 nach gerade mal 17 Jahren Dienst auf dem englischen Cotswolds Airport verschrottet.*

A310-322. *Die PP-PSD der brasilianischen Passaredo Transportes Aereo war eine frühe A310 der weiterentwickelten -300er Version, die mit der Baunummer 437 und der Kennung OO-SCC am 3.3.1987 an Sabena ausgeliefert worden war. Sie flog von Ende 1997 bis April 2000 für Passaredo. Zuletzt stand sie seit 2006 bei Sudan Airways in Diensten, im Oktober 2010 wurde sie eingemottet.*

A310-324. *Baunummer 660 kam am 30.3.1992 mit dem Kennzeichen N863AB zu Delta Air Lines. Von 1993 bis Ende 2003 flog die Maschine für Aeroflot und seit Mitte 2004 für PIA Pakistan International Airlines. Die hier gezeigte Bemalung mit dem farbenfrohen Leitwerk trug die AP-BGQ nur von April 2007 bis Anfang 2011.*

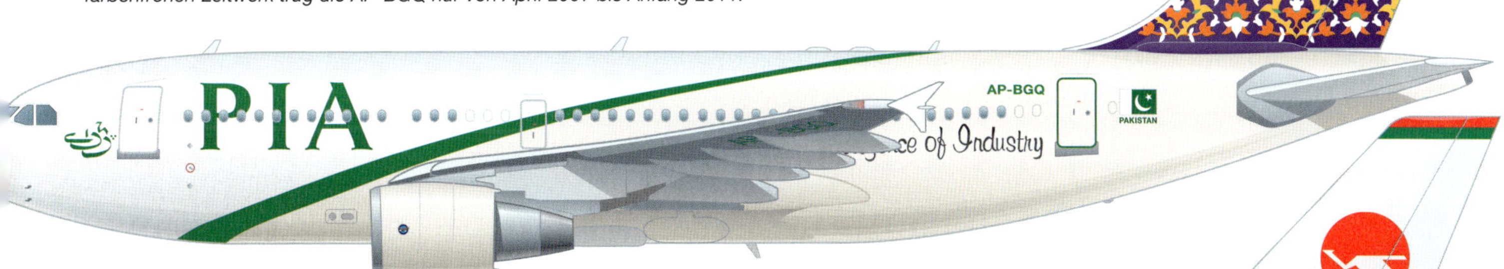

A310-325ET. *Die fünftletzte A310 trug die Baunummer 698. Am 13.6.1996 wurde sie mit der Kennung S2-ADE an Biman Bangladesh ausgeliefert. Die auf den langen Namen „City of Hazrat Khan Jahan Ali (EA)" getaufte Maschine hatte am 12.3.2007 ein unglückliches Ende, als beim Start in Dubai bei bereits hoher Geschwindigkeit das Bugrad kollabierte. Zwar kam dabei niemand der 236 Insassen ernsthaft zu Schaden, die weniger als elf Jahre alte Maschine jedoch musste abgeschrieben werden.*

A310-324. *Die allerletzte A310 ist auch eine der am hübschesten anzusehenden. Am 19.3.1998 wurde die UK-31001 mit der Baunummer 706 an Uzbekistan Airways ausgeliefert und ist auch heute noch von Taschkent aus hauptsächlich auf Westeuropastrecken aktiv.*

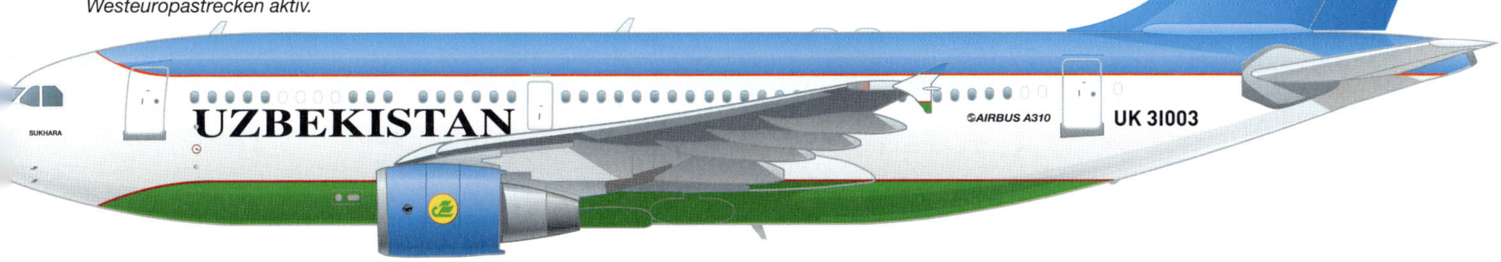

Die A310 als Regierungs- und Militärflugzeug

Eine Reihe von meist gebrauchten A310 wurde zu Regierungsflugzeugen umgebaut bzw. für eine rein militärische Rolle erworben. Neben den hier gezeigten Beispielen hat noch Kanada Flugzeuge dieses Typs, während Belgien ihre beiden A310 im Jahr 2011 an einen Verschrotter verkauft hat. Die Deutsche Luftwaffe betreibt die größte militärische A310-Flotte. Zwei Maschinen standen bis zur Ablösung durch die A340-300 2011 in VIP-Konfiguration der Bundesregierung zur Verfügung, die anderen, in Militärgrau fliegenden Maschinen, haben unterschiedliche Aufgaben zu erfüllen, z.B. als fliegendes Hospital oder schneller Truppentransporter.

Die dritte A310 der Interflug trägt im Luftwaffendienst den Namen „Kurt Schumacher". Baunummer 503 fliegt in Militärgrau und wird in einer Mischrolle als Truppentransporter, Evakuierungsflugzeug und Hospital eingesetzt. Mit ihren Schwesterflugzeugen fliegt sie regelmäßig Soldaten nach Afghanistan und zurück oder transportiert im Bedarfsfall Verwundete nach Deutschland.

Auch die spanische Luftwaffe kaufte zwei gebrauchte A310, um ihre alternden Boeing 707 zu ersetzen. 2002 wurde die ehemalige F-GEMQ der Air France erstanden, um den König bzw. die spanische Regierung zu Staatsbesuchen zu transportieren. Die mit der Doppelkennung 45-51/T.22-2 fliegende A310 ist die 551. Maschine der Baureihe und wurde 1990 gebaut. Am Leitwerk trägt sie das Andreaskreuz.

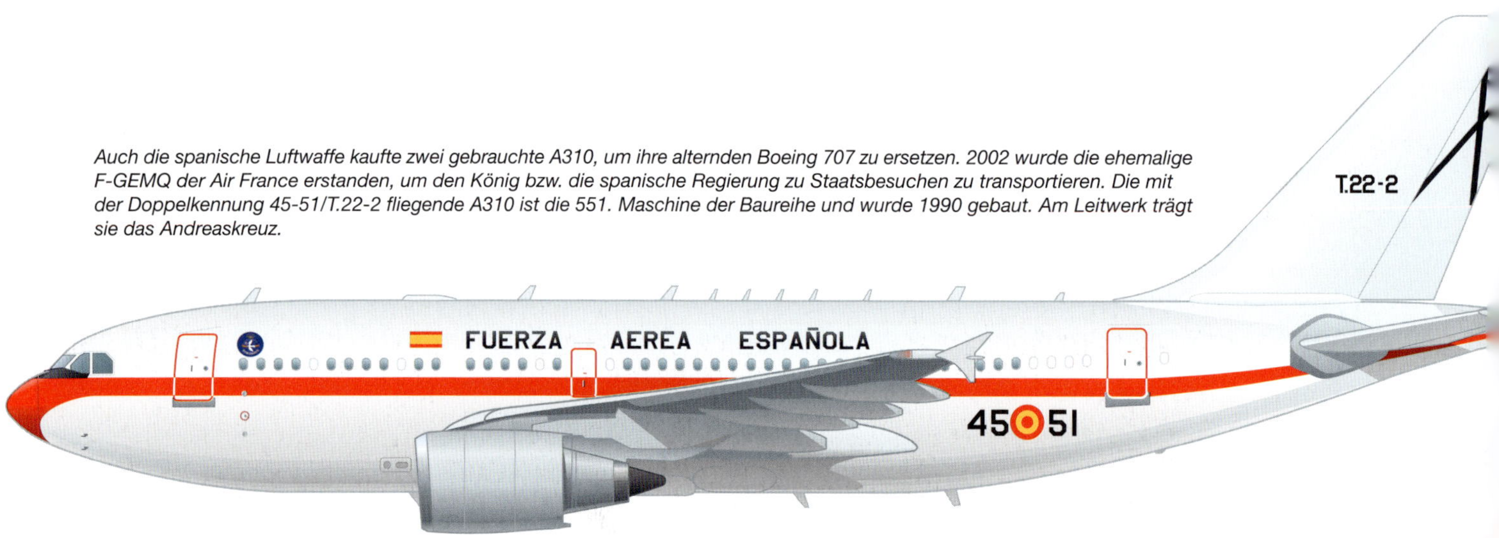

A310-304. *Die 498. Maschine der A300/A310-Baureihe war am 26.6.1989, kurz vor dem Zusammenbruch der DDR, mit der Kennung DDR-ABA an die staatliche Interflug abgeliefert worden (s. S. 24/25). 1991 wurde sie nach der Wiedervereinigung von der Luftwaffe aufgekauft und zum VIP-Flugzeug ausgebaut, allerdings weniger luxuriös als in anderen Ländern üblich. Sie erhielt das Kennzeichen 10+21 und den Namen „Konrad Adenauer". 2003 wurde ihre Bemalung hin zu einer mehr Nationalidentität ausstrahlenden Variation geändert. Die beiden A310 VIP-Flugzeuge wurden 2011 durch zwei wesentlich leistungsfähigere A340-300, die vorher bei der Lufthansa Dienst taten, ersetzt. Zur rechten Zeit, denn in letzter Zeit häuften sich die Pannen.*

Am 5.11.1991 wurde die 591. A300/A310 an die Thailändische Luftwaffe ausgeliefert. Sie erhielt ein Doppelkennzeichen, die zivile Registrierung HS-TYQ und die militärische 44-444. Im Lauf der Zeit wurde ihre Bemalung zweimal abgeändert, zuletzt 2002, wie hier zu sehen.

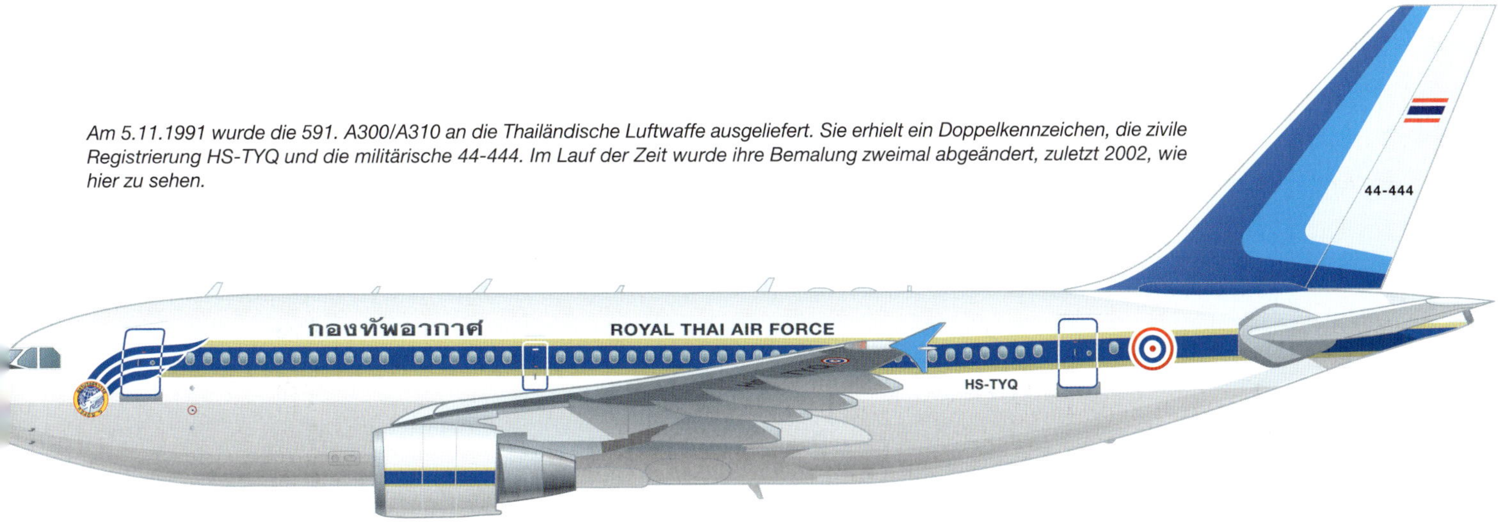

Die französische Luftwaffe L´Armee de L`Air kaufte 1993 zwei 1987 an Royal Jordanian Airlines gelieferte A310-304 sowie 2001 eine ehemalige Wardair A310. Die ehemaligen jordanischen Maschinen erhielten die militärisch/zivile Kennzeichenkombination 421/F-RADA und 422/F-RADB, die dritte A310 die Kennung F-RADC. Im Jahr 2000 wurde die Bemalung dieser für Regierungsflüge verwendeten Maschinen wie hier dargestellt etwas abgewandelt.

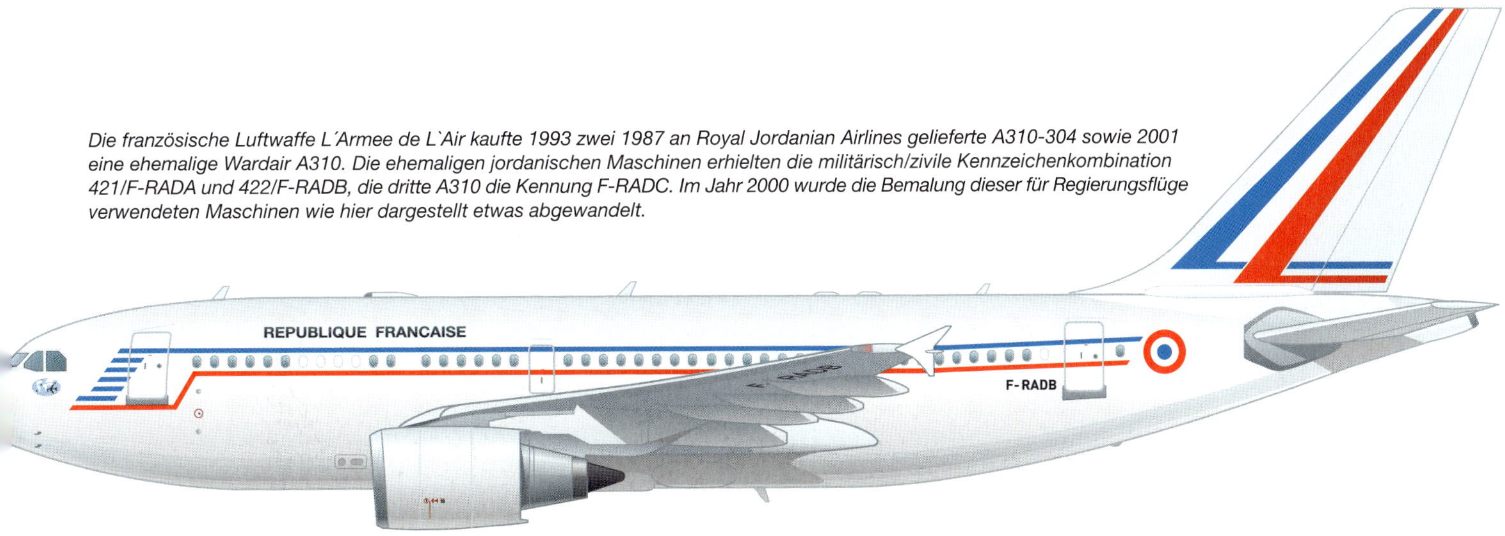

A300-600 - die zweite Generation (1983 - 2007)

Die 1983 zum ersten Mal gestartete A300B4-600 übernahm das Heck der A310 und wies dadurch einen größeren Innenraum auf als das Vorgängermodell. Die Tragflächen wurden angelehnt an die A310 modifiziert (aus Gründen der aufwendigeren Zertifizierung wurde auf die Verwendung der effizienteren A310-Flügel aber verzichtet) und neue Triebwerke von Pratt & Whitney bzw. später General Electric eingeführt. Nach den ersten Maschinen bekamen alle weiteren A300-600 kleine Winglets. 1985 endlich wurde der A300 im Zuge der sogenannten ETOPS-Erweiterung als erstem Zweistrahler erlaubt, den Atlantik ohne ständige Nähe zu Ausweichflugplätzen überqueren zu dürfen.

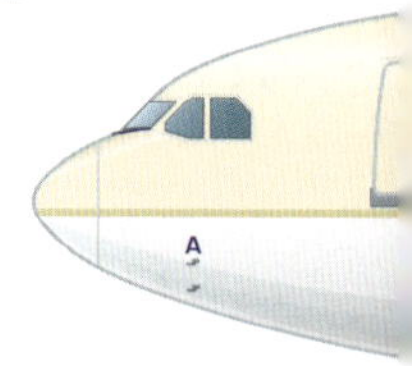

***A300B4-620**, Baunummer 284. Saudia´s HZ-AJA war die erste A300-600, die für eine Airline gebaut und die vierte, die in Dienst gestellt wurde. Am 1.6.1984 stieß die Maschine zur Flotte. 1997 in Saudi Arabian Airlines umbenannt, erhielt das Flugzeug erst im Jahr 2000 die aktuelle Bemalung. Trotz Kurz- und Mittelstreckendienst ist sie auch 27 Jahre später noch aktiv.*

A300B4-620. *Baunummer 252 ist der Prototyp der Baureihe. Der Erstflug der F-WZLR fand am 8.7.1983 statt. Bis 1989 blieb die Maschine Mitglied der Testflotte und wurde dann verkauft.*

A300C4-620, *Baunummer 322. Auch der zweite Airline-Kunde der -600er Reihe stammte aus dem mittleren Osten. Kuwait Airways´ Maschinen war jedoch nicht viel Glück beschieden, zwei der drei von den Irakern nach Mossul entführten A300 der Flotte (sowie zwei Boeing 767) wurden im ersten Golfkrieg zerstört, darunter auch die am 8.6.1984 ausgeliefert 9K-AHG. Das C in der Typenbezeichnung steht übrigens für die selten gebliebene Combiversion, die sich einfach von Passagier- in Frachtkonfiguration umrüsten lässt.*

A300B4-603, *Baunummer 391. Nach Korean Air war die Lufthansa die zweite große Airline, die die A300-600 erhielt. Anders als die Besteller vorher optierte der deutsche Flagcarrier aber für Triebwerke von General Electric. Die D-AIAI, am 26.3.1987 ausgeliefert und auf den Namen „Erbach/Odenwald" getauft, war die zweite Maschine dieses Typs in der Flotte und flog bis August 2008. Noch im gleichen Jahr wurde sie im englischen Lasham verschrottet. Das Gros der bis Mitte 2009 außer Dienst gestellten Schwestermaschinen fand hingegen dankbare Abnehmer, vor allem die iranische Mahan Air ist zu nennen. Die A300 der LH waren die Lieblings-Kurzstreckenmaschinen des Verfassers, der unzählige Flüge an Bord dieser komfortablen Flugzeuge hinter sich gebracht hat. Leider befindet sich z.Z. kein vergleichbar bequemes Nachfolgemuster bei der Lufthansa.*

A300B4-600R - die definitive A300

1988 wurde durch den Erstkunden American Airlines die A300B4-600 „R“ eingeführt, die sich von der -600 durch einen im Heck befindlichen Trimmtank unterscheidet, der eine größere Reichweite von 7500 km bei einem maximalen Abfluggewicht von 170,5 Tonnen zulässt.

***A300B4-605R**, Baunummer 420. Den größten Einzelauftrag für A300-600-Passagiermaschinen erhielt Airbus überraschenderweise von American Airlines. Bekannt für ihre metallisch glänzenden Maschinen, sah sich die Airline aber gezwungen, ihre 35 Maschinen umfassende A300-Flotte aus technischen Gründen in vergleichsweise mattem Grau abzunehmen. Wenige Jahre später besann man sich aber eines Besseren und die A300 wurden in einem sehr aufwendigen Verfahren doch noch zu glänzenden Flugzeugen. So auch die am 12.7.1987 abgelieferte N14053, der allerdings ein trauriges Schicksal beschieden war (s. S. 40). 2008/09 wurde die gesamte A300-Flotte der American außer Dienst gestellt. Die Maschinen stehen bzw. standen seither sämtlich eingemottet auf US-amerikanischen Wüstenplätzen wie Roswell/New Mexico. Im Gegensatz zu den gleichzeitig abgestellten Lufthansa-A300 fanden sich lange keine Interessenten für diese Flugzeuge. Seit Ende 2010 wurden aber bisher zwei Maschinen in Dresden für Rus Aviation zu Frachtern umgebaut.*

***A300B4-605R**, Baunummer 763. Die am 8.2.1996 abgelieferte B-2330 flog bis 2003 für China Northwest Airlines und wurde dann an China Eastern transferiert.*

***A300B4-605R**, Baunummer 764. Onur Air übernahm am 12.5.2005 die ehemalige D-AIAW der Lufthansa. Die 1996 gebaute Maschine erhielt die Kennung TC-OAO und den Namen „Selo“. Seit 2006 fliegt sie in der hier gezeigten Bemalung, bis auf die Phasen in fast jedem Winter, in der sie an Saudi Arabian Airlines für Hadj-Flüge verleast wird.*

***A300B4-622R**, Baunummer 797. Die 1999 gebaute JA012D kam am 1.3.2000 zur japanischen Inlandsgesellschaft JAS. 2003 mit Japan Airlines fusioniert, erhielt sie 2005 die Bemalung des japanischen Flagcarriers. JAS hatte am 25.11. 2002 die letztgebaute A300-Passagiermaschine erhalten. Im Zuge des drastischen Niedergangs der JAL wurde die gesamte A300-Flotte 2010/2011 außer Dienst gestellt und an EAT Deutschland verkauft. Die Maschinen sollen in Dresden zu Frachtern umgebaut werden.*

A300B4-622R, Baunummer 479. Wie schon bei der ersten Serie war Korean Air auch bei der -600 unter den Erstkunden. 1987 wurden die erste Maschinen nach Seoul ausgeliefert, die hier gezeigt HL7289 stieß am 13.12.1989 zur Flotte. Sie flog bis 2001 für Korean Air und wurde 2003 mit dem Kennzeichen N722FD im Auftrag von Fedex zum Frachter umgebaut.

A300B4-622R, Baunummer 575. Egyptair SU-GAU wurde am 10.12.1990 mit dem Namen „Mycerinus“ ausgeliefert. Bis 1999 flog sie in der hier zu sehenden Bemalung, Anfang 2006 wurde sie verkauft und fliegt seither als Frachter mit der Kennung N726FD für Fedex.

A300B4-608ST Beluga

Seit Beginn hat die Airbus-Transportgesellschaft spezielle Frachter eingesetzt, um Teile aus den verschiedenen Airbuswerken zur Endmontage zu fliegen. Anfangs waren das stark modifizierte, um 1950 gebaute Boeing 377 „Super Guppies“ mit Kolbenmotoren. Da diese viermotorigen Propellermaschinen aber nicht ewig fliegen konnten, entschied man sich 1991 für einen auf der A300 basierenden Nachfolgetyp, der sich was den Frachtraum angeht konzeptionell stark an die „Super Guppies“ anlehnt. Heraus kam dabei eines der ungewöhnlichsten Flugzeuge überhaupt, die A300B4-600ST (ST steht für „Super Transporter“). Sie wird auch „Beluga“ genannt, nachdem eine Ähnlichkeit mit dem gleichnamigen Wal nicht ganz von der Hand zu weisen ist. Insgesamt wurden fünf dieser zugegeben ästhetisch wenig begeisternden Frachter produziert, allesamt Neuflugzeuge.

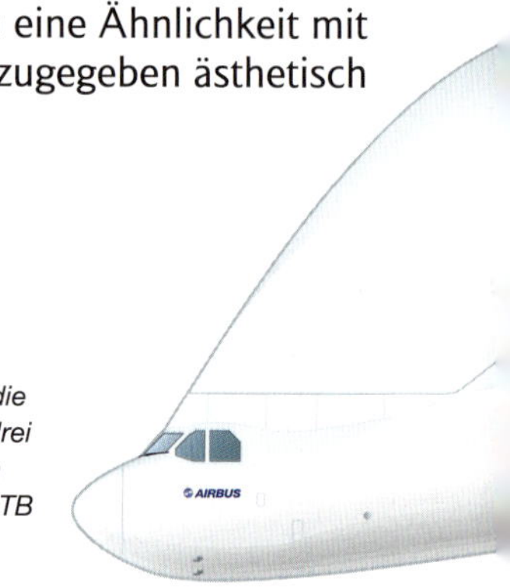

Nur der Cockpitbereich, die Flügel samt Triebwerken, das Fahrwerk und der untere hintere Rumpfbereich wurden vom Serien-A300 übernommen. Der Beluga ist nur wenige Zentimeter länger als eine normale A300. Die F-GSTA, die 655. Maschine der Baureihe, war die erste dieses Typs und flog am 13.9.1994 zum ersten Mal. Die Indienststellung war im Januar 1996. Innerhalb von zwei Jahren kamen drei Frachter hinzu (F-GSTB, C und D), 2001 noch ein fünfter (F-GSTF). Dieser fünfte Beluga ist im Gegensatz zu den Schwestermaschinen schlicht weiß lackiert. Die Flugzeuge sind von 1 bis 5 durchnummeriert. Vereinzelt werden sie auch als Werbeträger verwendet. Die F-GSTB ist hier in der bis Mai 2005 verwendeten Bemalung zu sehen.

Die F-GSTC ist der 765. Airbus der A300/A310-Baureihe und wurde am 19.12.1997 ausgeliefert. Hier ist er in der im Sommer 2005 mit dem A380 eingeführten neuen Airbus-Werksbemalung zu sehen, die dieses Flugzeug seit Ende 2005 trägt. Wie die vier Schwestermaschinen fliegt sie Rumpfteile und Flügel zu den Airbus-Endmontagewerken in Hamburg und Toulouse, sowie gelegentlich Fremdfirmencharter.

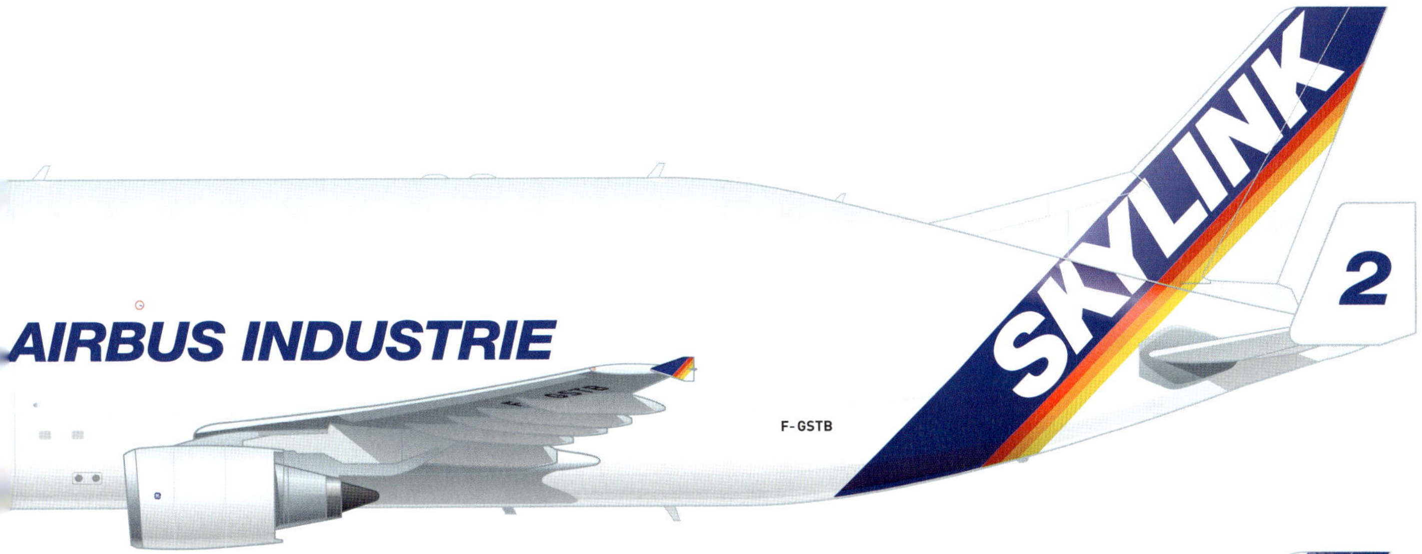

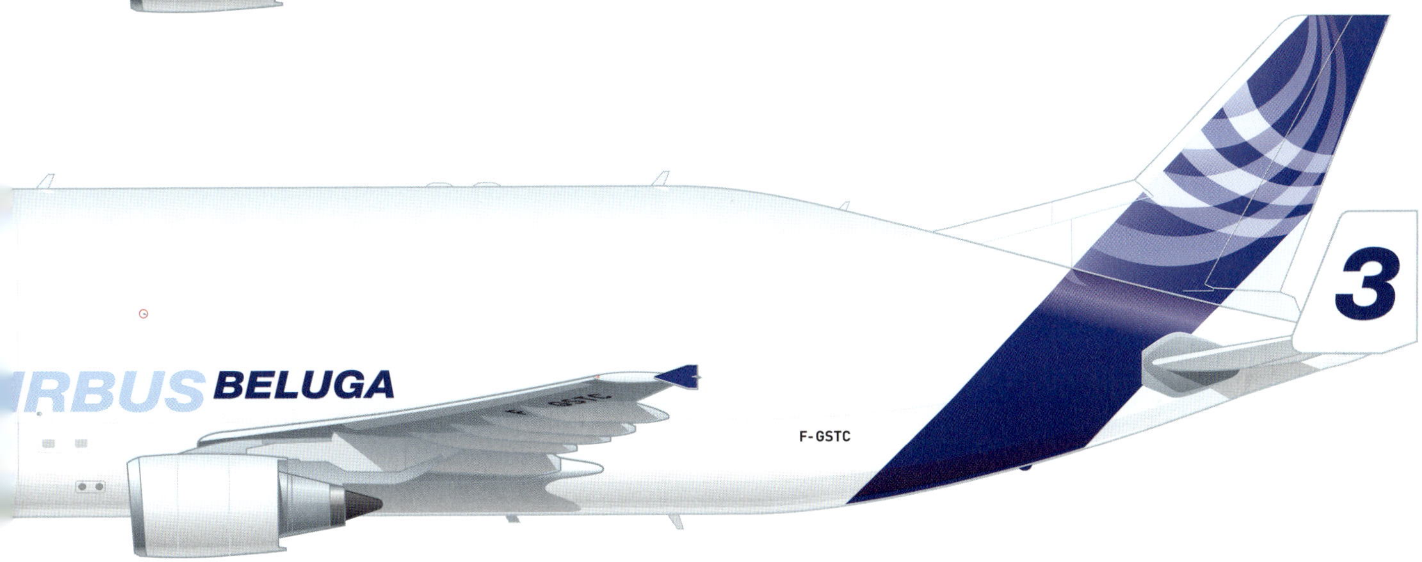

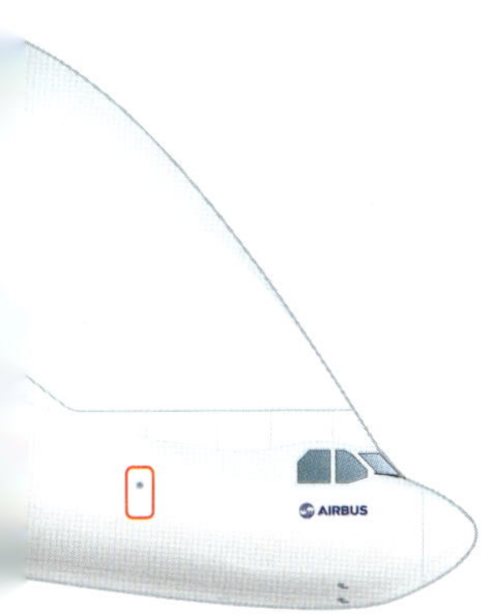

F-GSTA, die erste Beluga und als 655. Maschine vom Band gelaufen, erhielt im Sommer 2011 als erster Super Transporter die zur Luftfahrtschau in Paris eingeführten neugestalteten Airbus-Titel.

Unfälle mit Airbus A300 und A310

Die A300er-Baureihe hat sich als ein durchschnittlich sicheres Flugzeug erwiesen. 28 von 561 Maschinen wurden in den 37 Jahren seit ihrem ersten Passagierflug bei Unfällen und anderen Unglücken zerstört, die meisten, ohne dass Menschenverluste zu beklagen waren. Es gab sechs sehr schwere Unfälle mit 160 und mehr Opfern, aber auch einige ungewöhnliche Umstände, unter denen ein A300 ein vorzeitiges Karriereende erlitt und bei denen die Insassen glimpflich davonkamen. Die A310 hingegen wurde prozentual häufiger von schweren Unfällen betroffen als die längere Schwester. Zwar mussten nur zehn A310 abgeschrieben werden, aber anders als bei der A300, bei der es mehrheitlich glimpflich verlaufende Zwischenfälle gab, waren fast alle verunfallten A310 in schwere Katastrophen verwickelt. Auf dieser Doppelseite sind einige Unglücke kurz beschrieben. Die bis dato letzten A300-Verluste ereigneten sich im August 2011 bei den Kämpfen um die libysche Hauptstadt Tripolis, als die A300-600 5A-IAY der Afriqiyah und die 5A-DLZ der Libyab Arab Airlines zerstört wurden.

12.11.2001: Nur zwei Monate nach den Terroranschlägen vom 11.9.2001 ereignete sich in New York erneut eine Katastrophe, die anfangs viele automatisch mit Terrorismus in Verbindung brachten, u.a. weil es erneut die gleiche Fluggesellschaft traf. American Airlines Flug 587 nach Santo Domingo sollte an diesem Tag von der A300-605R mit dem Kennzeichen N14053 durchgeführt werden, einer 1987 gebauten Maschine. Sie hatte 37.550 Flugstunden und 14.934 Starts hinter sich, als sie mit einer Verspätung von einer Stunde um 9:14 Uhr Ortszeit vom Flughafen John F. Kennedy abhob, eine Minute und 45 Sekunden nach einer 747 der Japan Airlines. Nach einer Minute Flugzeit geriet der Airbus in die Wirbelschleppe des Jumbojets und gierte nach rechts. Der Copilot bediente daraufhin das Seitenruder mit einer solchen Vehemenz, dass die gesamte Heckflosse abriss. Die A300 ging in einen unkontrollierten Sturzflug über und stürzte in ein Wohnviertel an der Jamaica Bay im Stadtteil Queens. Dabei kamen alle 260 Insassen sowie fünf Anwohner ums Leben.

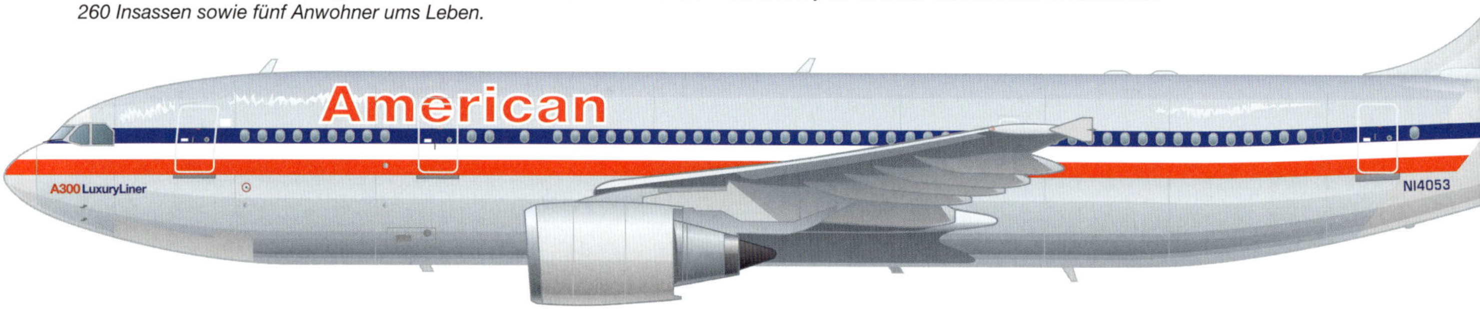

30.6.2009: Im Frühjahr/Frühsommer 2009 passierten mehrere schwere Flugzeugunglücke. Eines davon traf die 7O-ADJ der Yemenia, eine 1990 gebaute und ursprünglich für die französische Air Liberté fliegende A310-324 mit der Seriennummer 535, die seit 1999 in Diensten der jemenitischen Airline stand. Sie befand sich mit vielen aus Frankreich zum Heimaturlaub aufbrechenden Emigranten am Ende des Nachtfluges IY626 von Sanaa/Jemen im Anflug auf Moroni/Komoren, als sie gegen 1 Uhr 40 morgens in den Indischen Ozean stürzte, wobei nur ein Mädchen überlebte. Alle anderen 152 Menschen an Bord starben. Nach dem Unglück wurden viele Anklagen gegen die Airline erhoben. So waren der Unglücksmaschine wegen verschiedener Mängel Flüge nach Frankreich untersagt worden und sie flog fast nur noch in Gebieten mit geringer oder gänzlich fehlender Kontrolle.

27.9.1992: Die AP-BCP der Pakistan International Airlines (PIA) war eine der ersten A300, Baunummer 25, und am 2.5.1977 mit dem deutschen Kennzeichen D-AMAZ an Bavaria-Germanair ausgeliefert worden. 1986 kam sie zu PIA und hatte gerade sechs Dienstjahre bei der pakistanischen Staatsairline hinter sich, als sie ihr Schicksal ereilte. Flug 268 hatte Karachi um 11 Uhr 13 morgens verlassen und kollidierte knapp drei Stunden später beim schwierigen Anflug auf die nepalesische Hauptstadt Kathmandu mit einem Berghang. Die Piloten hatten einen zu steilen Anflug eingeleitet und waren zu früh zu tief geraten, was allen 167 Insassen das Leben kostete.

9.7.2006: Die russische Sibir Airlines befand sich gerade in einer Phase des Rebrandings und nannte sich seit kurzem S7, als die noch in den alten blau-weißen Farben gehaltene F-OGYP bei schlechtem Wetter am Ende des aus Moskau kommenden Nachtfluges 778 im sibirischen Irkutsk landete. Die Piloten konnten ihr Fluzeug aber nicht rechtzeitig zum Stehen bringen, das mit immer noch hoher Geschwindigkeit über das Ende der Landebahn hinaus raste und mit einigen Gebäuden kollidierte. Die A310 ging in Flammen auf, 124 der 200 Insassen kamen ums Leben. Bei der Unglücksmaschine handelt es sich um einen 1987 gebauten ehemalige Pan Am-Airliner, die 442. Maschine der Baureihe A300/A310.

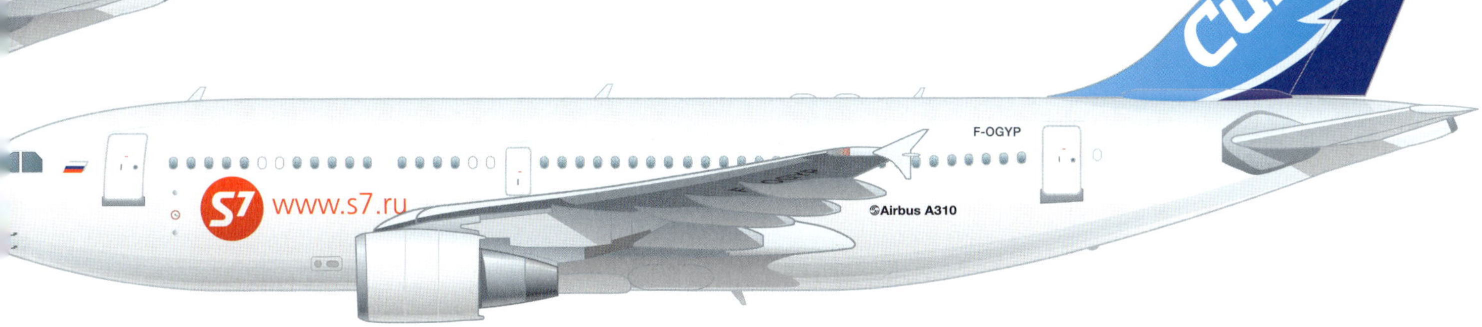

13.4.2010: Die alte XA-TUE der mexikanischen Aero Union verunglückte während eines nächtlichen Endanfluges auf den Flughafen von Mexico City. Der aus Monterrey kommende Frachter schlug bei regnerischem Wetter auf einem Highway auf, wobei sowohl die dreiköpfige Besatzung wie auch drei Insassen eines vorbeifahrenden Autos getötet wurden. Bei der Unfallmaschine handelt es sich um die 78. A300, ein ehemaliges Air France-Flugzeug vom Typ A300B4-203, das 1979 ausgeliefert worden war. 1998 zum Frachter umgebaut, flog die Maschine seit 2002 für Aero Union, einer kleineren Frachtgesellschaft, die mehrere alte A300 betreibt.

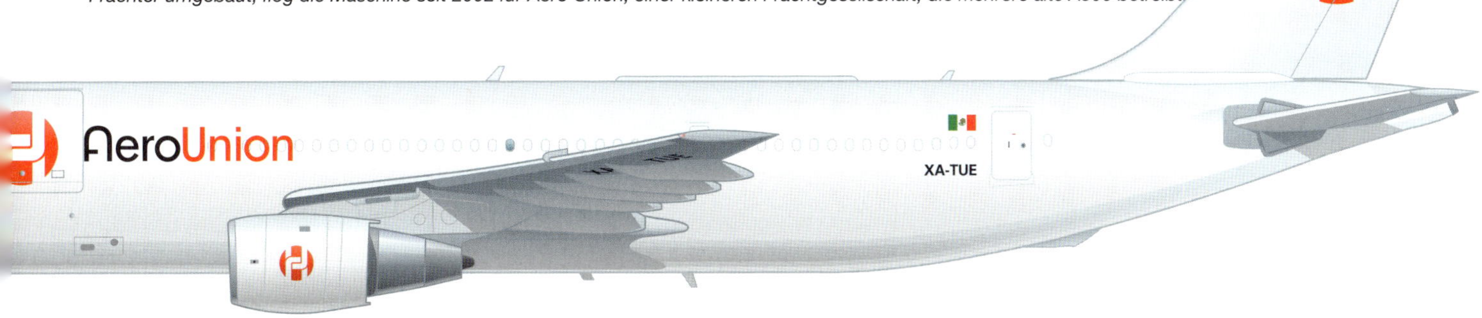

A300/A310 - nur noch als Frachter eine Zukunft

2007 wurde die Produktion der A300 eingestellt. Insgesamt wurden 561 A300 und 255 A310 hergestellt. Bereits zu Anfang des zweiten Jahrzehnts des neuen Jahrtausends wurden die letzten A300 und A310 aus dem Passagierdienst renommierter Airlines genommen. Nur noch bei Gesellschaften aus weniger entwickelten Ländern wird der erste Airbus noch einige Jahre weiterdienen, insbesondere ist hier der Iran hervorzuheben. Das Gros der A300 im letzten Baujahrzehnt waren ohnehin Frachter, und als Frachter werden wir die A300 ganz sicher auch noch bis weit in die 2020er Jahre sehen, die bis 1998 gebaute A310 aber dann sicher nur noch sehr selten.

A310-304, Baunummer 600. Air Transat, eine kanadische Ferienfluggesellschaft, ist der größte verbliebene Betreiber von A310-Passagiermaschinen. Sie setzt ihre Maschinen in einer sehr engen Bestuhlung ein. Die hier dargestellte C-GSAT war ursprünglich mit der Kennung A6-EKH für Emirates im Einsatz. Die 1992 gebaute Maschine wurde im August 2001 an Air Transat verkauft. Zu Weihnachten 2006 trug sie wie ein paar Schwestermaschinen spezielle Aufkleber in Form einer roten Weihnachtsmannsmütze.

A300F-622R, Baunummer 840. UPS und Fedex waren die beiden letzten Betreiber, die fabrikneue A300 erhielten. Eine davon ist die N154UP, die am 5.1.2004 abgeliefert wurde und als erste A300 auch eine der ersten UPS-Maschinen überhaupt in der neuen Bemalung war.

A300B4-603, *Baunummer 408. Die 1987 gebaute ehemalige D-AIAM der Lufthansa absolvierte im Juli 2009 den allerletzten A300-Flug der LH. Ein Jahr später wurde sie wie die meisten Flottenkollegen von der iranischen Mahan Air aufgekauft und erhielt das Kennzeichen EP-MNI.*

A300B4-203(F), *Baunummer 173. Die von einem internationalen Boycott betroffene Iran Air ist wohl die weltweit größte Fluggesellschaft mit überwiegend vor 1980 gebauten Flugzeugen. Auch die Cargo-Dependence von Iran Air hat ein paar Oldtimer, von denen die EP-ICF noch zu den jüngeren gehört. Bei diesem Flugzeug handelt es sich um die 1982 ausgelieferte ehemalige I-BUSL der Alitalia, die erst 2008 zu Iran Air kam und mit einer der verschiedenen Variationen der neuen Bemalung versehen ist.*

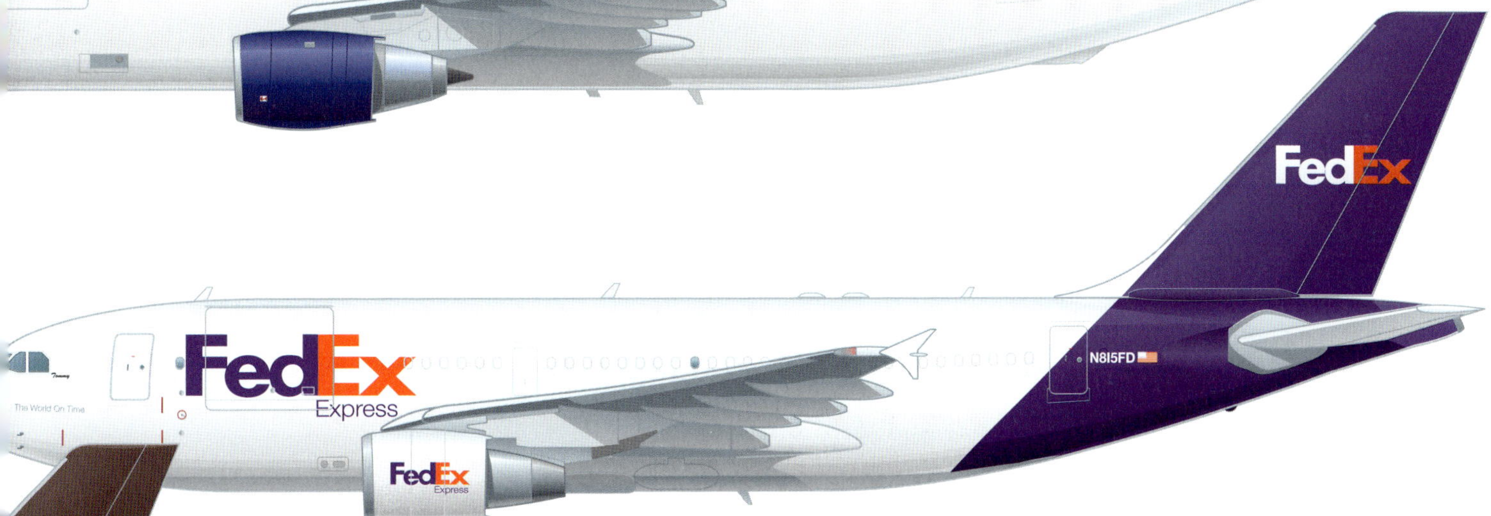

A310-324(F), *Baunummer 638. Am 15.4.1992 an die kurzlebige Oasis International Airlines gegangen, kaufte Fedex im Jahr 2004 diese Maschine, um sie wie so viele andere zum Frachter umbauen zu lassen. 2005 ging sie mit dem Kennzeichen N815FD und dem Taufnamen „Tommy" in den Dienst des riesigen US-amerikanischen Paketversenders.*

A300F-605R, *Baunummer 878. Die N692FE der Fedex war am 12.7.2007 die allerletzte Maschine der A300/310-Baureihe, die die Werkshallen verließ. Im Unterschied zu UPS, deren A300 Pratt & Whitney-Triebwerke haben, setzt Fedex auf General Electrics.*

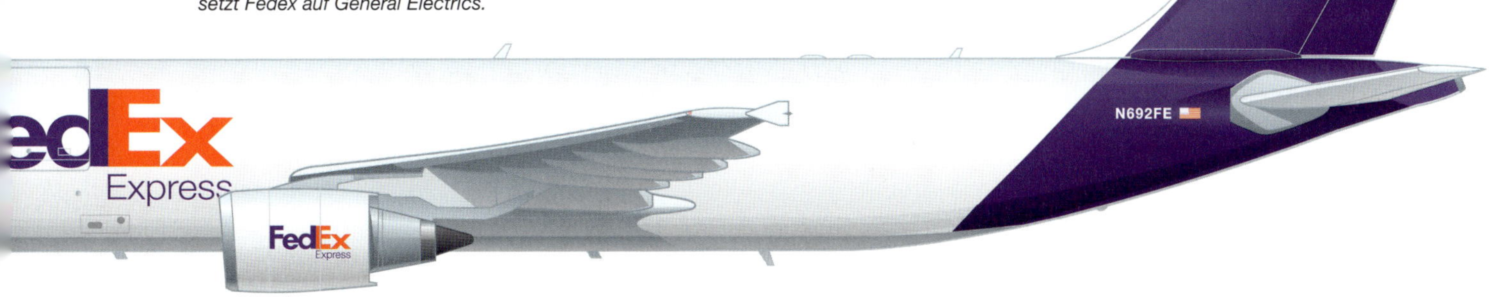

A320 (ab 1987)

Der Erstflug der revolutionären A320 fand am 22.2.1987 statt, als die A320-111 F-WWAI mit der Baunummer 1 vom Flughafen in Toulouse abhob, fast sieben Jahre, nachdem der Bau des kleinen Airbus beschlossen worden war. Kurz zuvor war das Flugzeug von Prinzessin Diana und ihrem Mann, dem britischen Kronprinzen Charles getauft worden. Die Typenzulassung wurde nach einer genau ein Jahr andauernden, weitgehend störungsfreien Testphase am 26.2.1988 erteilt. Recht zügig, wenn man bedenkt, das die A320 das weltweit erste Zivilflugzeug mit der gewichtsparenden revolutionären Fly-by-Wire Steuerung war, die auf mechanische Verbindungen zwischen Cockpit und Rudern verzichtet. Ein nicht ganz unwichtiger Vorteil der A320 gegenüber dem Hauptkonkurrenten 737 ist zudem der größere Rumpfdurchmesser, der breitere Sitze erlaubt.

A320-211. *Alle A320 der Lufthansa werden von CFM-Motoren angetrieben. Die D-AIQK gehört zu den etwa drei Dutzend Maschinen dieses Typs, die um 1990 an LH ausgeliefert wurden und deren Ausmusterung in Kürze bevorsteht. Die „Rostock" hat die Baunummer 218 und wurde am 13.8.1990 abgenommen.*

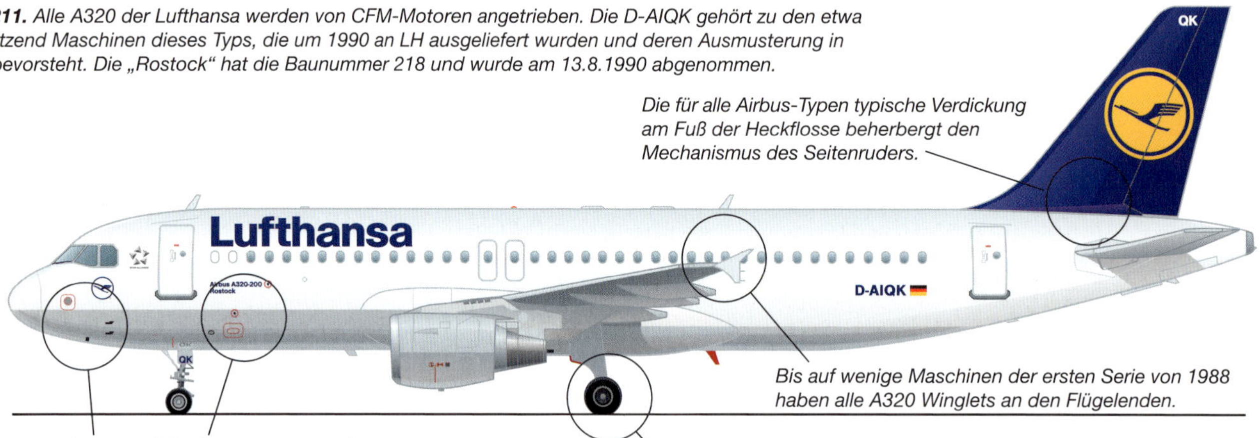

Die für alle Airbus-Typen typische Verdickung am Fuß der Heckflosse beherbergt den Mechanismus des Seitenruders.

Bis auf wenige Maschinen der ersten Serie von 1988 haben alle A320 Winglets an den Flügelenden.

Am Vorderumpf sitzen etliche Sensoren, unter dem Cockpit so genannte Pitot-Staurohre.

Das Hauptfahrwerk besteht wie beim Konkurrenzmuster Boeing 737 aus zwei zweirädrigen Fahrwerksbeinen.

A320-214. *Die zweite Zahl der dreistelligen Variantenkennzeichung steht für den Triebwerkstyp, „1" steht für CFM-Antriebe, „3" für IAE. Die dritte Zahl steht für fortlaufend weiterentwickelte Untervarianten, es gibt die A320-111 bzw. -211, -212, -213 und -214. Die hier in alter Bemalung gezeigte Air Berlin-Maschine hat die Baunummer 2685 und wurde am 21.2.2006 mit der Kennung D-ABDD ausgeliefert und erhielt erst Ende 2010 die neue Bemalung, wie sie auf S.63 zu sehen ist. Eine unerklärliche Geldverschwendung, denn nur zwei Monate später wurde sie im Februar 2011 an den Leasinggeber zurückgegeben.*

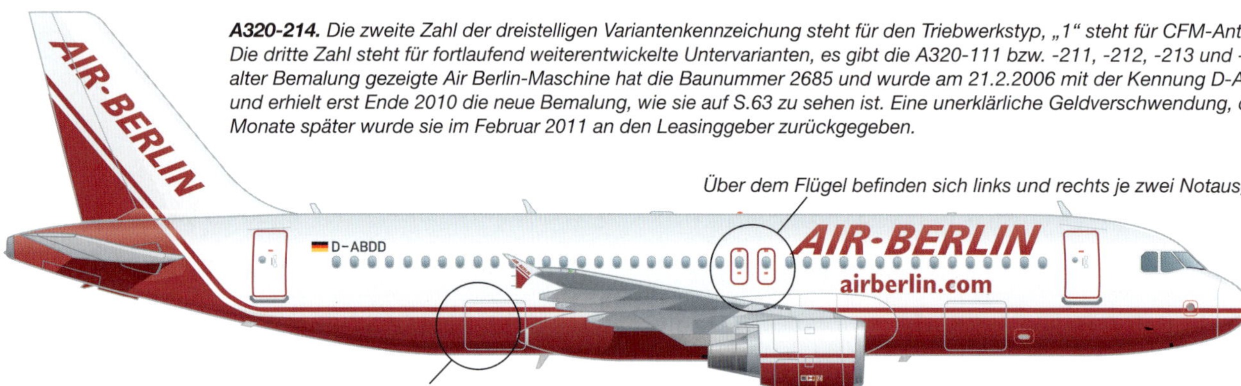

Über dem Flügel befinden sich links und rechts je zwei Notausgänge.

Die Frachttüren befinden sich wie bei fast allen Verkehrsflugzeugen auf der Steuerbordseite.

A320-232. *Die A320 mit IAE-Triebwerken tragen den Typenzusatz -13X bzw. -23X, wobei das X hier als Platzhalter für die fortlaufend weiterentwickelten Versionen steht. Die hier gezeigte Maschine ist die A6-EID der Etihad Airways, Baunummer 1945, 2003 für Martinair gebaut. Sie fliegt seit 2008 für Etihad in einer ungewöhnlichen Formel 1-Sonderbemalung.*

A320-211. *Die auf dieser Seite gezeigte Maschine der Gulf Air trug von 2000-2007 eine attraktive Sonderbemalung mit arabischer Kalligraphie. Baunummer 466 wurde am 13.6.1994 mit der Kennung A4O-EJ ausgeliefert.*

Die Scheuerflächen der Höhenruder bleiben bei den meisten A320 unlackiert.

Aufprallschutz gegen „Tailstrikes".

Diese Maschine ist mit CFM 56 5B-Triebwerken ausgerüstet. Der CFM-Antrieb hat sich im Vergleich zum ebenfalls sehr erfolgreichen Konkurrenzangebot von IAE als marginal größerer Verkaufserfolg herausgestellt. Nimmt man die A340 und die Boeing 737 hinzu, ist die CFM 56-Triebwerksfamilie die erfolgreichste der Welt.

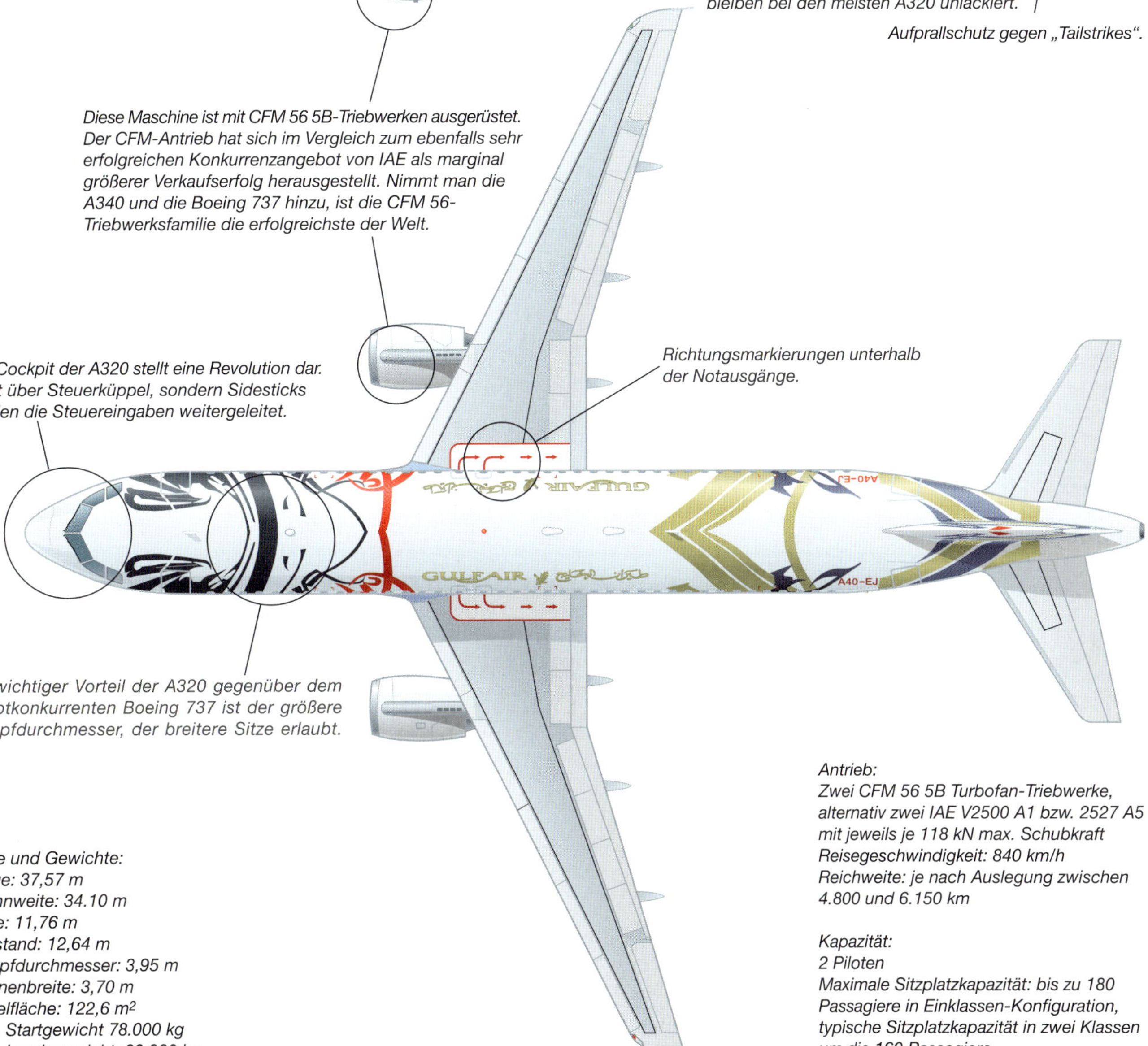

Das Cockpit der A320 stellt eine Revolution dar. Nicht über Steuerküppel, sondern Sidesticks werden die Steuereingaben weitergeleitet.

Richtungsmarkierungen unterhalb der Notausgänge.

Ein wichtiger Vorteil der A320 gegenüber dem Hauptkonkurrenten Boeing 737 ist der größere Rumpfdurchmesser, der breitere Sitze erlaubt.

Maße und Gewichte:
Länge: 37,57 m
Spannweite: 34.10 m
Höhe: 11,76 m
Radstand: 12,64 m
Rumpfdurchmesser: 3,95 m
Kabinenbreite: 3,70 m
Flügelfläche: 122,6 m²
Max. Startgewicht 78.000 kg
Max. Landegewicht: 66.000 kg

Antrieb:
Zwei CFM 56 5B Turbofan-Triebwerke, alternativ zwei IAE V2500 A1 bzw. 2527 A5 mit jeweils je 118 kN max. Schubkraft
Reisegeschwindigkeit: 840 km/h
Reichweite: je nach Auslegung zwischen 4.800 und 6.150 km

Kapazität:
2 Piloten
Maximale Sitzplatzkapazität: bis zu 180 Passagiere in Einklassen-Konfiguration, typische Sitzplatzkapazität in zwei Klassen um die 160 Passagiere.

A320 - Testphase und Markteinführung

Als am 18.4.1988 der erste A320 der Air France den Liniendienst aufnahm, waren bereits über 260 Maschinen fest bestellt worden. Die früheste Version A320-100 (ohne Winglets) wurde nur in geringen Stückzahlen gebaut und auch nur an drei Airlines geliefert - an Air France, British Airways und Air Inter. Auf den nächsten zehn Seiten sind die ersten 34 Airlines dargestellt, die bis zum Debüt der A321 im Jahre 1993 die A320 in ihre Flotten aufgenommen haben.

A320-111. *Baunummer 4, Erstflug 8.7.1987. Mitglied der Testflotte bis 1989, trug sie die Titel verschiedener Airlines, hier die von Air France, aber auch die von Ryanair (die niemals A320 orderte). Am 7.7.1989 wurde die F-WWDC schließlich an Air France ausgeliefert und erhielt die Kennung F-GGEF. Anfang 2008 wurde die Maschine außer Dienst gestellt und verschrottet.*

A320-111. *Baunummer 9, Erstflug 6.1.1988. Air France war 1981 die erste Airline, die die A320 orderte und auch die erste, die die A320 erhielt. Allerdings wurde der Start in eine erfolgreiche Karriere von einem Unglück überschattet. Die dritte A320 der Flotte trug die Kennung F-GFKC, den Namen „Ville de Amsterdam" und war gerade drei Tage zuvor ausgeliefert worden, als sie am 26.6.1988 auf einem Demonstrationsflug bei einer Flugschau in Mühlhausen/Habsheim verunglückte. Die Maschine vollführte einen langsamen Vorbeiflug in sehr niedriger Höhe über der Landebahn des Flughafens (bis auf 10 m herunter), als es die Piloten versäumten rechtzeitig Schub zu geben, um über die dahinterstehenden Wälder hinwegzukommen. Die A320, die gerade einmal 22 Flugstunden hinter sich hatte „versank" förmlich in den Bäumen und wurde durch Feuer zerstört; drei Passagiere unter den 136 Insassen kamen ums Leben.*

A320-111. *Durch die gleichzeitig stattfindende Fusion mit British Caledonian Airways wurde British Airways zur zweiten Airline mit A320. Die G-BUSD war die Baunummer 11 und wurde am 22.7.1988 als dritte A320 nach Großbritannien überstellt. Im November 2006 wurde die Maschine aus dem Liniendienst genommen und im April 2007 verschrottet.*

A320-111. *Baunummer 12. Air Inter war die dritte Airline, die die A320 übernahm. Die F-GGEB wurde am 5.8.1988 ausgeliefert. 1997 kam sie im Zuge einer Fusion zu Air France. Sie wurde im März 2008 nach 20 Dienstjahren verschrottet.*

A320-211. *Baunummer 25 ging an einen anderen frühen Kunden, Ansett Airlines, 1991 in Ansett Australia umbenannt. Die VH-HYD war am 15.3.1989 ausgeliefert worden und flog bis zum Bankrott von Ansett für die Australier. Die hier gezeigte erste Bemalung trug sie nur etwa zwei Jahre. Von Anfang 2002 bis 2004 wurde sie abgestellt und flog dann noch gut zwei Jahre für die tunesische Nouvelair und Libyan Arab Airlines. Im September 2006 wurde sie endgültig außer Dienst gestellt und wenige Monate später in Goodyear/Arizona als eine der ersten A320 verschrottet.*

A320-231. *Baunnummer 28 wurde am 28.9.1989 mit der Kennung 5B-DAT als erste A320 der Airline an Cyprus Airways überstellt. Die „Praxandros" getaufte Maschine erhielt Anfang der 90er Jahre und 2003 jeweils neue, immer simpler und langweiliger werdende Bemalungen. Kaum über 15 Jahre alt, wurde sie Ende 2004 außer Dienst gestellt. Die Maschine wurde 2005 in Miami als allererste A320 ausgeschlachtet und verschrottet.*

Die A320 in den ersten Jahren

A320-211. *Die A320 war von Anfang an auch auf dem US-Markt erfolgreich. Baunummer 31 war die erste Maschine der großen, letztlich 78 Maschinen umfassenden A320-Flotte von Northwest Airlines. Am 6.6.1989 ausgeliefert, trug die N301US für kurze Zeit noch die alte, aus technischen Gründen so gar nicht zur A320 passende Bemalung (die sonst metallisch glänzenden Rumpfflächen mussten bei der A320 grau lackiert werden). Bereits wenige Wochen später führte die Airline einen neuen Look ein, den etwa ein Jahr später auch die N301US erhielt. Im November 2008 wurde die Maschine außer Dienst gestellt, gerade ein Jahr nachdem sie noch die neue silberne Lackierung erhalten hatte.*

A320-231. *Baunummer 43 war die erste A320 der Adria Airways. Sie kam am 16.5.1989 mit der Kennung YU-AOA zur Flotte, 1992 wurde sie in SL-AAA, 1993 in S5-AAA umregistriert. Im Zuge der jugoslawischen Bürgerkriege und dem Auseinanderfallen des Staates wurde sie des öfteren ins Ausland verleast und zeitweise abgestellt. Im September 2010 wurde die Maschine dann endgültig geparkt, sie soll verschrottet werden.*

A320-231. *Indian Airlines erhielt 1989 in kurzer Folge eine große Anzahl an A320. Die VT-EPN, Baunummer 79, war die zwölfte Maschine der Flotte. Sie wurde Ende Dezember 1989 in Dienst gestellt. Ihre Karriere dauerte aber keine zwei Monate. Am 14.2.1990 leiteten die Piloten nach einem Flug von Bombay (heute Mumbai) einen zu schnellen Sinkflug auf den Flughafen des südindischen Bangalore ein. Den Piloten fiel ihr Fehler zu spät auf und das Flugzeug schlug auf einem Golfplatz 700 m vor der Landebahn auf, wobei Fahrwerk und Triebwerke abgerissen wurden. Bei dem Unglück kamen 92 der 142 Insassen ums Leben.*

A320-231. *Pan Am hatte eine Anzahl A320 bestellt, stornierte den Auftrag vor der ersten Auslieferung aber wieder. Die bereits im Bau befindlichen A320 wurden stattdessen vom Besitzer GPA an die kurzlebige Braniff Airways verleast. Baunummer 52 war die erste solche Maschine. Die N901BN flog aber nur fünf Monate lang für die Airline, dann war Braniff bankrott. Wenige Monate später kam die Maschine zu America West Airlines und erhielt die Kennung N620AW. Auch vier Jahre nach der Fusion mit US Airways im Jahr 2007 ist diese frühe A320 noch unter derselben Registrierung aktiv.*

A320-231. *Durch die Braniff-Pleite wurde America West Airlines die dritte US-Airline mit A320, denn sie übernahm im September 1990 alle Maschinen dieses Typs, die Braniff entweder bereits eingesetzt hatte oder die kurz vor der Auslieferung standen. Baunummer 92 ist eines dieser Flugzeuge. Ende 1989 gebaut, wurde die Maschine erstmal abgestellt und am 28.9.1990 schließlich mit dem Kennzeichen N635AW übernommen. Die obere Zeichnung zeigt sie in der ersten Bemalung, die sie bis 1999 trug. Am 28.8.2002 wurde die Maschine nach einer ansonsten glimpflich verlaufenden missglückten Landung durch Bruch der Vorderradaufhängung irreparabel beschädigt.*

A320-211. *Air Canada erhielt den ersten A320 im Januar 1990. Die hier gezeigte C-FFWN mit der Baunummer 159 wurde am 4.3.1991 ausgeliefert und erhielt 2002 eine Sonderbemalung zum 65. Firmenjubiläum, die erstaunlich lange geflogen wurde - erst 2010 bekam die Maschine die inzwischen geänderte eisblaue Standardbemalung. Air Canada hat 2011 36 Flugzeuge dieses Typs im Einsatz.*

Die A320 auf dem Weg zum Bestseller

A320-211. *Baunummer 69 wurde Lufthansa's erste A320, mittlerweile der Standardtyp der Airline im innereuropäischen Verkehr. Die D-AIPA wurde am 16.10.1989 ausgeliefert und auf den Namen der schönen Stadt „Buxtehude" getauft. Auch 22 Jahre später fliegt sie noch für die Lufthansa, in der Nachfolge einer großen Neuorder an A320 Ende 2010 steht aber ihre alsbaldige Außerdienststellung an.*

A320-212. *Baunummer 87. Royal Jordanians erste A320 wurde am 19.3.1990 ausgeliefert. Die „Cairo" getaufte Maschine trug bis 2002 das französische Kennzeichen F-OGYA, danach flog sie noch bis zum Verkauf Ende 2006 als JY-AYA. Danach wurde sie für ein knappes Jahr mit der Registrierung EC-KID an LTE verleast. Von Mitte 2008 an flog sie als SX-BVL für Hellas Jet, wurde jedoch Anfang 2010 aufgrund ausstehender Zahlungen vom Besitzer zurückgeholt und unter dem Kennzeichen N501SG geparkt.*

A320-231. *Air Malta's erste A320 war die 9H-ABP mit der Baunummer 112. Die hier gezeigte Maschine ist jedoch ein 1990 gebautes Flugzeug mit der Baunummer 113, das zu Adria Airways gehört und während des jugoslawischen Bürgerkrieges 1996 für ein halbes Jahr gemietet wurde.*

A320-211. *Baunummer 119. Tunis Air's erste A320 war die TS-IMB. Am 17.10.1990 ausgeliefert, ist die „Farhat Hached" auch 2011 noch aktiv. Im Jahr 2000 wurde die Bemalung vereinfacht, indem man die Streifen auf dem Rumpf beseitigte.*

A320-212. *Baunummer 131. Die costaricanische LACSA leaste Anfang der 90er Jahre zwei A320, Anfang 1995 wurden sie an den Leasinggeber retourniert. Die N481GX wurde am 3.12.1990 ausgeliefert und flog später für Air Charter und Air Europe. Im April 2001 kam sie mit der Kennung F-GLGM zu Air France. Acht Jahre später wurde sie außer Dienst gestellt.*

A320-211. *Iberias erster A320 hatte die Baunnummer 134 und wurde im Dezember 1990 ausgeliefert. Die hier gezeigte Maschine ist die 173. A320 und kam am 10.4.1991 nach Spanien. Sie trug kurzzeitig die Registrierung EC-580, bevor sie im Mai 1991 die endgültige Kennung EC-FDB erhielt. Seit Anfang 2009 fliegt die „Lago de Sanabria“ in spezieller Oneworld-Bemalung.*

A320-211. *All Nippon Airways bekam am 21.1.1991 den ersten A320, die insgesamt 138. Maschine vom Band. Bei der hier gezeigten JA8609 handelt es sich um ein späteres Modell mit der Baunummer 501, das am 8.12.1994 nach Japan überstellt wurde. 2003 erhielt die Maschine neu gestaltete Titel.*

A320-231. *Baunummer 163. Conair of Scandinavia´s OY-CND wurde am 3.9.1991 ausgeliefert, als erste von insgesamt sieben direkt ab Werk abgenommenen A320. Die Chartergesellschaft wurde am 1.1.1994 in Premiair umbenannt. 1997 kam die Maschine zur britischen Airtours, 2002 zur ebenfalls britsichen My Travel Airways. 2003 ging die Maschine an die italienische Windjet, Anfang 2010 wurde sie ausgemustert und eingelagert.*

Die A320 erobert die Welt

A320-231. *Die Baunummer 165 wurde am 31.5.1991 als erste A320 an Egyptair ausgeliefert und erhielt den Namen „Aswan“. 2002 und 2009 bekam sie jeweils neue Bemalungen.*

A320-211. *Baunummer 185. TAP Air Portugal´s erste A320 ist die CS-TNA, eigentlich für Adria Airways gebaut, aber nicht abgenommen. Für knapp ein Jahr wurde die Maschine daraufhin abgestellt. Die „Grao Vasco“ getaufte Maschine wurde schließlich am 8.4.1992 ausgeliefert.*

A320-211. *Baunummer 181. 9K-AKA „Bubbyan“ war Kuwait Airways´ erste A320. Sie wurde am 29.10.1992 kurz nach dem ersten Golfkrieg und nach über einem Jahr Einlagerung in Lemwerder bei Bremen nach Kuwait überstellt. Sie war eigentlich für Royal Jordanian vorgesehen gewesen.*

A320-231. *Die Baunummer 225 war Mexicana´s erste A320, die hier gezeigte N238RX mit der Baunummer 238 wurde als dritte Maschine am 1.12.1991 ausgeliefert. Sie blieb wie die Schwestermaschinen nur drei Jahre bei der Airline.*

A320-211. *Die Baunummer 231 war Canadian Airlines International erste A320. Am 30.8.1991 ausgeliefert, kam die C-FPWD 2001 im Zuge einer Fusion zu Air Canada, flog anfangs für deren Billigtochter Tango, und seit Ende 2003 für den Business-Ableger Air Canada Jetz.*

A320-231. *Baunummer 243, South African Airways´ erste A320 kam am 6.11.1991 zur Flotte und erhielt den Namen „Blue Crane“. 2001 wurde die Maschine verkauft und an die brasilianische TAM abgegeben.*

A320-231. *Baunummer 257. Balkan Bulgarian Airlines erste A320 war die LZ-ABA, die am 26.12.1991 in Sofia eintraf. Mitte 1995 wurde sie am Ende der Leasingperiode zurückgegeben. Die Maschine ging dann in schneller Folge durch viele Hände. Translift Airways, All Leisure Airways, Transmeridian, Sun Express, Turkish Airlines, TransAer, Britannia Airways, Cubana und ab 2001 Indian Airlines lauteten die Betreiber. Heute fliegt die Maschine für Air India.*

Die A320, Bestseller (nicht nur) der 90er Jahre

A320-231. *Die Baunummer 258 war ursprünglich von Air Inter bestellt worden, wurde aber noch vor Ablieferung storniert. Zwei Jahre stand sie untätig herum, bevor sie am 20.8.1993 mit dem französischen Kennzeichen F-OKAI an Sudan Airways verleast werden konnte. 1997 wurde sie mit der Kennung 9A-CTF an Croatia Airlines weitergegeben. Die Maschine ist für diese Fluggesellschaft immer noch aktiv.*

A320-211. *Baunummer 288. TC-ONA war die Kennung dieser Maschine bei der türkischen Onur Air, einer der grössten und langlebigsten Ferienfluggesellschaften der Türkei. Die „Birtuc" genannte Maschine wurde am 27.4.1992 ausgeliefert und bis 1996 geleast. Danach kam die Maschine erst zu Ansett, später zu Transair Sweden, Goodjet und Air Malta. Seit 2004 fliegt sie mit dem Kennzeichen TC-FBF für die türkische FreeBird.*

A320-211. *Baunummer 291. Die britische Air 2000 bekam am 1992 ihren ersten A320 ausgeliefert. Die G-OOAA wurde 2000 an den Leasingeber zurückgegeben. Danach flog sie für Mexicana, musste aber nach dem Bankrott 2010 abgestellt werden.*

A320-212. *Baunummer 294. Die britische Excalibur Airways war eine kurzlebige britische Fluggesellschaft. Am 22.4.1992 wurde der erste von acht A320 (teilweise Gebrauchtmaschinen) ausgeliefert und erhielt die Kennung G-HAGT. Am 31.12.1995 wurde die Maschine an den Besitzer, die Leasinggesellschaft GPA zurückgegeben, kurz danach wurde der Betrieb der Airline eingestellt. Aktueller Betreiber ist seit 2004 die bulgarische BH Air.*

A320-212. *Baunummer 313 war Gulf Air´s erste A320 und wurde am 22.5.1992 mit dem Kennzeichen A4O-EA ausgeliefert. Mitte 2002 kam die Maschine zu türkischen Air Alfa, Ende des gleichen Jahres zu Onur Air. Im Februar 2008 wurde sie an den Besitzer Oasis zurückgegeben und ist seither eingemottet.*

A320-231. *Baunummer 315 war der erste A320 der Leisure Air. Die N315RX wurde bis 1995 geleast. Später flog die Maschine für Aero Lloyd, Midway Airlines und America West Airlines. 2003 kam sie zu SriLankan Airlines. Sie flog bis Juni 2009 mit der Kennung 4R-ABD und wurde danach im englischen Kemble (Cotswold Airport) verschrottet.*

A320-231. *Transasia Airways bekam am 4.8.1992 mit der Baunnummer 332 ihren ersten A320. Die B-22301 wurde für acht Jahre geleast und flog seitdem für Mexicana. Nach dem Bankrott der Airline im August 2010 wurde die Maschine abgestellt.*

A320-231. *Die Baunnummer 362 kam am 19.3.1993 als erste A320 zu Inter European Airways. Bereits sechs Monate später wurde die G-IEAF an den Besitzer GPA zurückgegeben. Danach flog sie für Airtours, Skyservice USA, My Travel Airways und Indian Airlines. 2007 kam sie durch Fusion zu Air India, Mitte 2010 wurde sie abgestellt. 2011 fand sie erneut einen neuen Betreiber, die ukrainische Donbassaero.*

Die A320 heute

Der Erfolg der A320 ist seit fast 25 Jahren ungebrochen. Auch wenn es seltene Rückschläge gab, wobei neben dem geringen Zuspruch für die A318 insbesondere das Scheitern des Frachterumbauprogramms (P2F) zu nennen ist. Im Verhältnis zu Widebodies war das Segment der kleineren Typen im Luftfrachtmarkt immer schon recht klein. Mit Partnern wollte Airbus in Dresden, wo schon viele A300 und A310 umgebaut wurden, eine Tochterfirma aufziehen, die von 2012 etwa 400 A320 umrüsten sollte. Im Juni 2011 kam das Aus, bevor das Projekt überhaupt richtig angefangen werden konnte - ein Prototyp stand schon zum Umbau bereit. Für Airbus schienen die Marktaussichten für kleine Frachter zu unbedeutend, als das sich das Geschäft lohnte. Ansonsten ist alles glänzend bei der A320 (s. S. 84/85) - auf dieser Doppelseite sind einige um 2010 gebaute Maschinen zu sehen.

__A320-232.__ Der ungarische Billigcarrier Wizz Air fliegt eine über 30 Maschinen umfassende A320-Flotte, die sich in typischer Manier ganz auf einen Typ beschränkt, und auf Maximalbestuhlung - 180 Plätze - setzt. Die HA-LPY, die als Baunummer 4109 das Band in Toulouse verließ, wurde am 10.12.2009 übernommen.

__A320-214.__ Baunummer 4150 wurde am 19.12.2009 mit der Kennung VQ-BET an die sibrische S7 Airlines ausgeliefert, deren A320-Flotte damit neun junge Flugzeuge umfasst, und darüber hinaus eine stattliche Zahl von A319. Die A320 fliegen in einer Belegung von 8 Business- und 156 Economyplätzen. S7 hat eine der aufsehenerregendsten Bemalungen weltweit.

__A320-232.__ Baunummer 4270 flog am 2.4.2010 zum ersten Mal. Gut drei Wochen später wurde die Maschine an die bulgarische VIA abgeliefert und erhielt die Kennung LZ-MDC. VIA's überschaubare Flotte besteht aus fünf A320, die alle mit der engsten denkbaren Bestuhlung eingesetzt werden - mit 180 Economysitzen.

A320-232. *Israir bekam am 21.9.2010 die 4X-ABG ausgeliefert, Baunummer 4413 und aktuell eine von zwei A320 in der Flotte der kleinen israelischen Fluggesellschaft.*

A320-214. *Baunummer 4512 wurde 2010 gebaut und ging am 18.11. des Jahres an die neue philippinische Gesellschaft Airphil Express. Die RP-C8391 ist eine von sechs A320 der erst 2010 gegründeten Airline. Mit 177 Economysitzplätzen bieten die A320 eine typische Lowcostcarrier-Konfiguration.*

A320-214. *Saudia Arabian hat seit 2009 eine große Flotte von A320 und A321 aufgebaut, vor allem, um die nicht mehr konkurrenzfähigen MD-90 zu ersetzen. Die HZ-AS43, die als Baunummer 4517 am Tag vor Heiligabend 2010 ausgeliefert wurde, ist eines der jüngsten Flugzeuge der Flotte. Saudi Arabians A320 fliegen in einer großzügigen Bestuhlung mit 12 Business- und 120 Economyplätzen.*

A320-232. *Baunummer 4762 ist einer der neuesten Flottenzugänge der 2005 gegründeten, schnell wachsenden indischen Billiggesellschaft IndiGo, die nach Ablieferung dieser Maschine am 6.7.2011 insgesamt 42 indigoblau lackierte A320 im Einsatz hatte. Die Maschinen werden in einer besonders engen Bestuhlung mit dem A320-Sitzplatzlimit von 180 Sitzplätzen geflogen. Die Airline machte Anfang 2011 mit einem Riesenauftrag über 150 A320 NEO auf sich aufmerksam. Ob dieses beabsichtigte schnelle Wachstum ins Gigantische der Realität standhält, lässt sich natürlich nicht vorhersagen.*

A321 (ab 1993)

Der Erstflug eines A321 fand im März 1993 statt, sieben Monate später wurde die Typenzulassung erteilt. Die längste Version der A320 gilt als effizientester Airliner mit nur einem Gang, auch wenn die viel später nachgeschobene längste Boeing 737, die -900ER ihr alles in allem gleichkommt. Der Erfolg der A321 führte letztendlich zum Aus des eigentlichen Boeing-Konkurrenzproduktes, der 757. Dabei ist die A321 im Grunde nur eine gestreckte A320 ohne wesentliche Änderungen. Die Flügel entsprechen weitgehend denen der A320, sie sind bis auf durch das höhere Gewicht nötig gewordene Änderungen bei den Klappen gleich. Auch hier gibt es die Wahl zwischen CFM- und IAE-Antrieben, die allerdings etwas leistungsstärker als bei den kleineren Schwestern sind, um gleiche Flugleistungen zu ermöglichen. Die Triebwerksverkleidungen tragen im Unterschied zur A320 kleine Luftleitbleche. Die A321 gab es in zwei Versionen, denn da die ursprüngliche -100 nur über eine begrenzte Reichweite verfügte, musste eine leistungsstärkere -200 nachgelegt werden, die drei Jahre nach der -100 in Dienst ging und deren Erfolg 2002 zur Einstellung der -100 führte.

A321-131. *Baunummer 364 war der Prototyp der A321. Bis 1998 trug die Maschine das Kennzeichen F-WWIA. Kurz vor dem Verkauf erhielt sie die Kennung D-AVZD. Am 30.6.1998 kam sie (wie der zweite Prototyp) zur türkischen Onur Air und erhielt den Namen „Funda". 1998 und 1999 wurde sie kurz an Lotus Air verleast. 2005 bekam sie eine neue Bemalung, 2006 flog sie kurzzeitig für Qeshm Air. 2011 ist die TC-ONS nach wie vor für Onur Air im Einsatz.*

A321-131. *Lufthansa war der erste wichtige Kunde für die A321. U.a. ging das dritte Testflugzeug am 5.7.1994 mit der Kennung D-AIRH an den deutschen Flagcarrier. Die D-AIRE mit dem Taufnamen „Osnabrück“ wurde am 5.11.1998 ausgeliefert. Seit Anfang 2010 trägt sie wie das Gros der Flotte Internet-Sticker.*

Maße und Gewichte:
Länge: 44,51 m
Spannweite: 34.10 m
Höhe: 11,76 m
Radstand: 16,91 m
Rumpfdurchmesser: 3,95 m
Kabinenbreite: 3,70 m
Flügelfläche: 122,6 m^2
Gewicht: leer 50.300 kg (A321-200),
Max. Startgewicht 95.500 kg
Tankkapazität: 30.030 l

Antrieb:
Zwei CFM 56-5B1 bzw. B3 (nur A321-200) Turbofan-Triebwerke mit 142,3 kN Schubkraft,
alternativ zwei IAE V2533-A5 mit jeweils je 146,8 kN Schubkraft, bzw. V2530-A5 mit 140 kN
Reisegeschwindigkeit: 840 km/h
Reichweite: je nach Auslegung zwischen 4.400 und 5.950 km

Kapazität:
2 Piloten
Maximale Sitzplatzkapazität: bis zu 220 Passagiere in Einklassen-Konfiguration, typische Sitzplatzkapazität in zwei Klassen etwa 190 Passagiere.

Lang gemacht: die A321

A321-112. *Die I-BIXA wurde am 18.3.1994 an Alitalia ausgeliefert. Die 477. Maschine der A320-Baureihe bekam den etwas langen Namen „Piazza del Duomo Milano“. Im Winter 2009/10 erhielt sie eine modernisierte Bemalung.*

A321-111. *Baunummer 509 kam als erster A321 zu Air Inter, der zu Air France gehörenden französischen Inlandsgesellschaft, die bereits zu den Erstbestelllern der A320 gehört hatte. Die F-GMTB wurde am 26.8.1994 ausgeliefert. Am 1.1.1996 wurde die Airline in Air Inter Europe umbenannt und die Maschine bekam eine Bemalung im Air France-Stil, seit 2001 trägt sie volle Air France-Farben.*

A321-111. *Swissair erhielt ihren ersten A321 am 17.1.1995. Die „Neuchatel“ getaufte HB-IOA kam nach der Swissair-Pleite 2002 zur Nachfolgegesellschaft Swiss International Airlines, wurde aber nie in deren Farben lackiert. Bereits im Frühjahr 2003 wurde sie an Air Meditteranee weitergegeben für die sie auch heute noch mit der Kennung F-GYAP fliegt.*

A321-131. *Baunummer 550 war Air Macau´s erster A321, ausgeliefert am 2.11.1995. 1998 erhielt die Maschine das chinesische Kennzeichen B-MAA, seit 2003 fliegt sie mit der Registrierung B-2286 für Sichuan Airlines.*

A321-131. *Die taiwanesische TransAsia Airlines gehörte zu den frühen Kunden. Die B-22603 mit der Baunummer 602 war die zweite A321 der Flotte. Am 19.6.1996 abgeliefert war ihr jedoch keine lange Karriere beschieden. Am 22.3.2003 kollidierte sie bei der Landung in Tainan mit einem irrtümlicherweise dort herumkurvenden Fahrzeug, wodurch der Rumpf so schwer beschädigt wurde, dass die Maschine zum ersten A321-Totalverlust wurde. Außer den zwei Insassen des verirrten Fahrzeugs wurde dabei niemand ernsthaft verletzt.*

A321-131. *Die westindische BWIA International setzte ihre beiden A321 nur wenige Monate ein und verleaste sie dann. Die 9Y-BWA, Baunummer 604, wurde am 2.7.1996 ausgeliefert. Seit März 1997 flog sie vier Jahre für die türkische Air Alfa und danach für soviele verschiedene Airlines, das man sie hier kaum aufzählen kann. Seit 2009 ist sie für Atlas Jet im Einsatz.*

A321-231. *Die Chartergesellschaft Monarch Airlines leaste ihren erste A321 am 24.4.1997. Die G-OZBC mit der Baunummer 633 flog aber nur drei Jahre für die Briten, seit 2000 gehört sie zur Flotte der Dragonair aus Hongkong.*

A321-231. *Die libanesische MEA leaste am 27.5.1997 die 663. Maschine der A320-Baureihe mit der Kennung F-OHMP. Seit 2003 fliegt dieses Flugzeug als TC-OAE für die türkische Onur Air.*

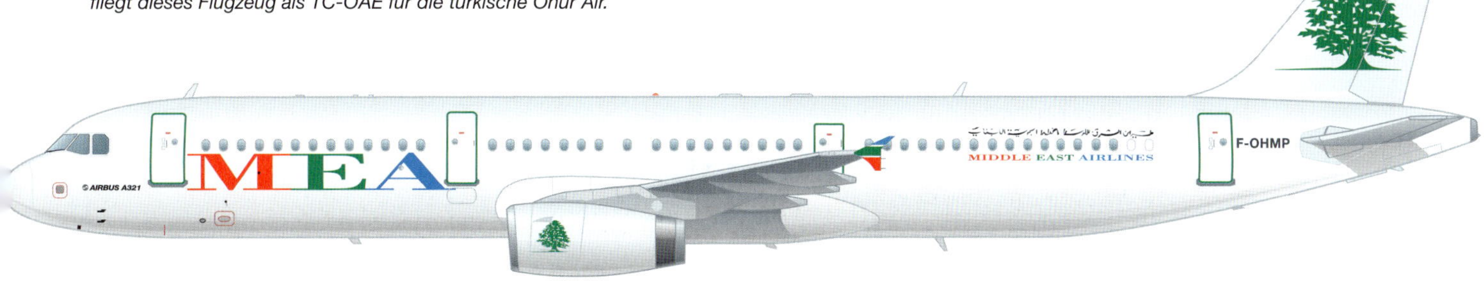

A321 der Lufthansa-Gruppe

A321-131. *Lufthansa war der erste wichtige Kunde für die A321. U.a. ging das dritte Testflugzeug 1994 an den deutschen Flagcarrier. Die hier dargestellte D-AIRX ist eine spätere Maschine, Baunummer 887, ausgeliefert am 1.10.1998. Im April 2005 bekam sie die hier gezeigte, äußerst attraktive Retrobemalung zum 50-jährigen Firmenjubiläum.*

A321-231. *British Midland gehört seit 2009 vollständig zum Lufthansa-Konzern. Die G-MEDN war erst kurz vorher abgeliefert worden, am 9.5.2008. Sie ist die 3512. Maschine der A320-Baureihe.*

A321-111. *Baunummer 1144 wurde am 21.12.1999 an Swissair ausgeliefert. Die HB-IOL wurde nach deren Bankrott 2002 in die Nachfolgegesellschaft Swiss International Airlines übernommen. Swiss gehört seit 2007 vollständig der Lufthansa.*

A321-111. *Die „Pinzgau" ist eine frühe A321. Am 13.2.1995 kam sie mit der Kennung OE-LBB an Austrian Airlines und blieb auch nach dem 2009 von der EU-Wettbewerbskommission legitimierten „1 Euro"-Verkauf der stark defizitären AUA an die Lufthansa in der Flotte.*

A321 deutscher Airlines

A321-231. *Baunummer 1004, ebenfalls der ILFC gehörend, kam am 23.4.1999 als D-ALAK zu Aero Lloyd und trug eine Werbebemalung des T-Shirt-Herstellers Trigema. Nach der Aero Lloyd-Pleite war die Maschine ein halbes Jahr abgestellt worden und ging dann mit der Kennung TC-OAL an die türkische Onur Air.*

A321-231. *Die am 28.4.2000 abgelieferte D-ALAN mit der Baunummer 1218 flog bis zum Bankrott im Oktober 2003 für Aero Lloyd und wurde dann an den Leasinggeber ILFC zurückgegeben. Ab März 2004 war sie mit dem Kennzeichen D-ARFA noch einige Zeit für die kurzlebige Nachfolgegesellschaft Aero Flight aktiv. 2006 kam sie schließlich zur pakistanischen Air Blue, in deren Diensten sie 2010 leider verunglückte (s. S. 81).*

A321-111. *Blue Wings war eine kurzlebige, von 2002 bis Januar 2010 existierende Airline, deren Basis in Düsseldorf war. Neben einer Reihe A320 betrieb sie von 2003 bis 2006 eine einzelne A321 aus ehemaligen Swissair-Beständen. Die 1995 ausgelieferte ehemalige HB-IOB flog für Blue Wings unter dem Kennzeichen D-ANJA. Ende 2009 bekam die Airline übrigens eine neue A321 mit demselben Kennzeichen ausgeliefert, die aufgrund der gleichzeitigen Pleite aber nie in den Dienst ging.*

A321-211. *Air Berlin's D-ALSC kam durch die Fusion mit LTU zu Deutschlands zweitgrößter Airline und erhielt 2008 deren Farben. Die Maschine mit der Baunummer 2005 war am 16.7.2003 ab Werk an LTU gegangen. Bis zur Fusion hatte Air Berlin, die im Gegensatz zum großen Konkurrenten Lufthansa das Gros ihrer Flotte least, übrigens keine A321. 2011 sind es zehn Maschinen dieses Typs, die die roten Farben tragen, darunter vier Neuflugzeuge.*

Bunte Spardosen

Ein Flugzeug zu strecken, war schon immer ein probates Mittel, um aus einem guten Flugzeug ein vielleicht nicht ganz so leistungsstarkes, meist auch weniger schönes, dafür aber umso ökonomischeres Produkt zu machen. Die A321 besticht durch sehr günstige Sitzplatzkosten und hat im Laufe der Zeit sogar größere und bequemere Maschinen wie z.B. A300 auf kürzeren Strecken verdrängt. Alle Betreiber der A321 hier aufzuzählen, würde den Rahmen sprengen, darum auf dieser Seite eine Auswahl unter dem Kriterium „je bunter, desto besser“. Schlicht weiß lackierte Maschinen gibt es schließlich mehr als genug.

***A321-231.** Air Macau versah Ende 2003 ihre B-MAJ, eine am 4.2.1999 mit der Baunummer 908 abgelieferte Maschine, mit einer Sonderbemalung zur Bewerbung der 4th East Asian Games 2005. Das Jahr 2005 ist lange vergangen, die Airline hat aber wohl gute Erinnerungen an die Spiele, denn auch sechs Jahre später fliegt die B-MAJ noch in diesen Farben.*

***A321-211.** China Eastern´s B-2290 lief als 2315. Maschine der A320-Baureihe vom Band und wurde am 27.10.2004 ausgeliefert. 2009 erhielt die Maschine aus Anlass der Expo 2010 in Shanghai eine Sonderbemalung.*

***A321-213.** „Beautiful Sichuan“ lautet der Name der feurigen Sonderbemalung, die Air China Ende 2008 der erst wenige Monate alten B-6361 angedeihen ließ. Die Maschine hat die Baunummer 3523.*

A321-231. *Vietnam Airlines hat gegenwärtig 24 A321 im Einsatz und ist damit einer der größeren Betreiber dieses Typs. Die VN-A351 wurde am 24.1.2007 mit der Baunummer 3005 ausgeliefert, gehört gegenwärtig aber nicht zur Flotte. Seit Juli 2009 ist die Maschine an Cambodia Angkor Air verleast.*

A321-231. *Die kleine, in Donetsk sitzende ukrainische Linienfluggesellschaft Donbassaero führte mit der Inbetriebnahme ihres ersten A321 im Dezember 2010 diese auffällige Bemalung ein. Die UR-DAF war am 12.12.2002 ursprünglich mit der Kennung G-TTIC an die British Airways-Tochter GB Airways gegangen und gehört der Partnerairline Windrose.*

A321-231. *Ebenfalls eine ehemalige GB Airways-Maschine und von der Ablieferung 2006 bis 2008 für die BA-Tochter mit dem Kennzeichen G-TTIE unterwegs, kam diese A321 nach einem kurzen Zwischenspiel bei Easyjet im Februar 2011 zur 2008 gestarteten ukrainischen, in Kiew beheimateten Chartergesellschaft Windrose Aviation und erhielt die Registrierung UR-WRI. Unschwer zu erkennen, Windrose und Donbassaero gehören „irgendwie" zusammen. Die Farbwahl von Windrose - rot auf türkis - ist allerdings noch ungewöhnlicher.*

A321-231. *Die Billigtochter der Qantas, Jetstar, hatte 2011 sechs A321 im Einsatz, davon vier im Jahr 2009 ausgelieferte Maschinen. Eine davon ist die am 14.5.2009 überstellte VH-VWX, die als 3899. Maschine der A320-Baureihe hergestellt worden war.*

A319 (ab 1995)

Die A319 als drittes Mitglied der A320-Familie hatte am 25.8.1995 von Hamburg aus ihren Erstflug. Sie wird in Hamburg-Finkenwerder gebaut. Es gibt sie mit zwei oder optional vier über den Flügeln angebrachten Notausgängen. Wie so oft waren die Lufthansa und die Air France unter den ersten Kunden. Später kamen zwei Sonderversionen der A319 hinzu, der erfolgreiche ACJ (Airbus Corporate Jet, s. S. 76/77) und die selten gebliebene A319LR mit einer unterschiedlichen Zahl an Zusatztanks. Die A319 ist ein auf dem Markt erfolgreiches Muster, im Sommer 2011 kletterte die Zahl der gefertigten Maschinen auf über 1300, ziemlich genau 50% der A320-Ablieferungen.

Maße und Gewichte:
Länge: 33,84 m
Spannweite: 34.10 m
Höhe: 11,76 m
Radstand: 11,04 m
Rumpfdurchmesser: 3,95 m
Kabinenbreite: 3,70 m
Flügelfläche: 122,6 m²
Max. Startgewicht 75.500 kg
Max. Landegewicht: 62.500 kg

Antrieb:
Zwei CFM 56 5B Turbofan-Triebwerke,
alternativ zwei IAE V2527-A5 mit jeweils je 118 kN Schubkraft, bzw. IAE V2524-A5 mit 107 kN oder IAE V2522-A5 mit 98 kN
Reisegeschwindigkeit: 840 km/h
Reichweite: je nach Auslegung zwischen 4.800 und 6.150 km, bis zu 6.850 km mit den ab 2012 erhältlichen Sharklets (d.h. Winglets), A319LR bis zu 8.250 km (48 Passagiere), A319CJ bis 11.000 km (mit 11 Passagieren).

Kapazität:
2 Piloten, max. 156 Passagiere in Ein-Klassen-Konfiguration, typische Sitzplatzkapazität in zwei Klassen: etwa 124

***A319-100.** Baunummer 546, der erste Prototyp, wurde nach der Testphase auf Serienstandard gebracht und 1998 an Air Canada verkauft, wo die Maschine mit der Kennung C-GBIP fliegt. Auch der zweite Prototyp, der zwischenzeitlich das IAE-Triebwerks-Genehmigungsverfahren flog und danach wieder auf CFMs rückgerüstet wurde, fliegt übrigens heutzutage bei Air Canada. Hier gezeigt wird allerdings die C-GBHY, die mit der Baunummer 800 am 18.3.1998 zu ihrem Besitzer über den Atlantik flog, in der bis 2006 verwendeten Originalbemalung.*

***A319-114.** Swissair erhielt die ersten A319, mit der Baunummer 621 war die HB-IPY, am 18.10.1996 eine der allerersten Maschinen dieses Typs. Sie fliegt heute bei der Nachfolgegesellschaft Swiss International.*

***A319-112.** Lufthansa als eine der ersten Airlines besitzt gegenwärtig eine Flotte von 22 A319. Die hier gezeigte D-AILH mit dem Namen „Palermo" und ihre sieben Schwestermaschinen nicht mitgezählt, denn sie gehören zum kleinen, in Mailand beheimateten „Italia"-Ableger. Die 22. A319 vom Band, Baunummer 641, war am 27.1.1997 an Lufthansa ausgeliefert worden, und flog nach Leasingperioden bei Khalifa Airways und Croatia Airlines seit Januar 2009 für Lufthansa Italia S.p.A. Bereits Ende 2011 wird die „Italia"-Marke eingestellt und durch ein stärkeres Engagement der Mutter-Airline sowie des Partners Air Dolomiti ersetzt.*

A319-111. *Die CS-TTG der TAP Air Portugal wurde am 5.11.1998 nach Lissabon überstellt. Die „Humberto Delgado“ getaufte Maschine hat die Baunummer 906 und ist hier in einer besonderen Bemalung zu sehen, bei der Anfang 2000 auf der alten Bemalung die Logos der kurzlebigen „Qualiflyer Group“ aufgebracht waren. Seit 2006 fliegt die Maschine in den neuen Farben der TAP.*

A319-112. *Baunummer 767 wurde am 20.1.1998 an Croatia Airlines ausgeliefert. Die „Zadar“ getaufte Maschine mit der Kennung 9A-CTG erhielt 2004 die modernisierte, aber nur wenig attraktivere aktuelle Bemalung.*

A319-114. *Baunummer 880 war die erste von vier A319 der Tunisair. Die TS-IMK „Kerkenah“ fliegt seit Sommer 1999 für den tunesischen Flagcarrier. 2009 wurde die Bemalung etwas vereinfacht.*

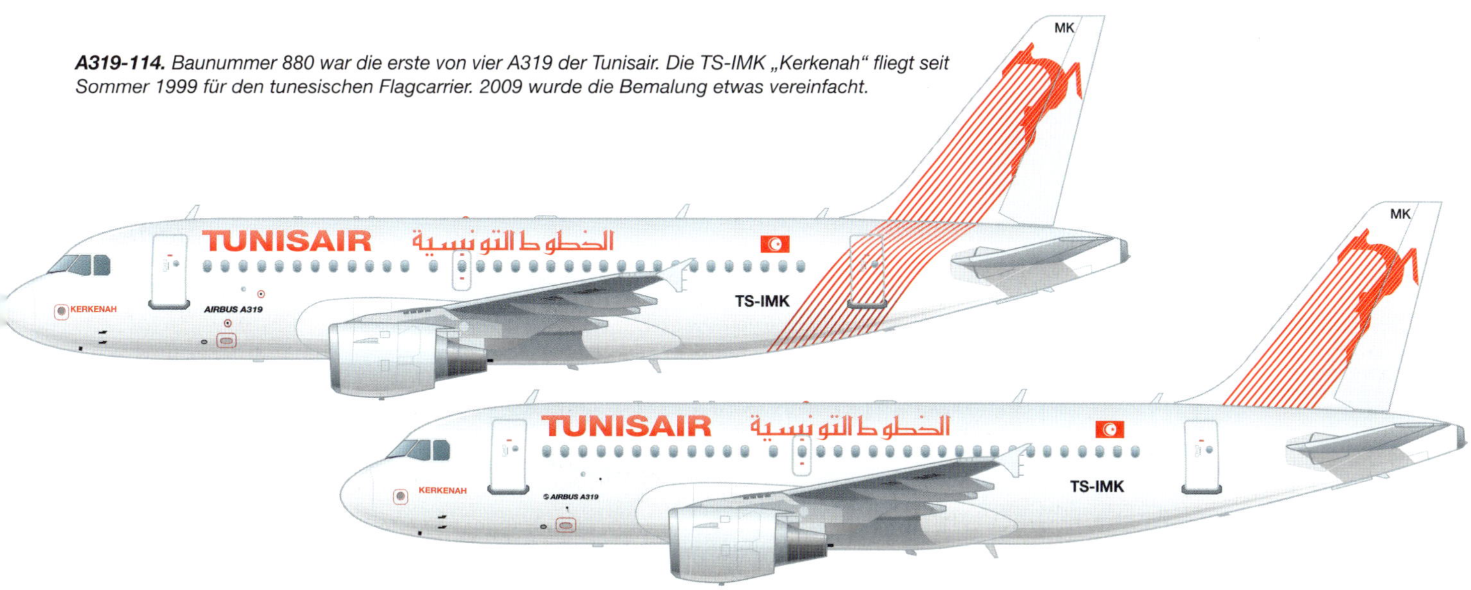

Die A319 als Erfolgsmodell

A319-132. *Baunummer 976 war die erste A319 der brasilianischen TAM. Die am 8.7.1999 auf einem Rekordflug über Casablanca abgelieferte PT-MZA trägt inzwischen ihr drittes Kleid, denn so oft hat TAM die Bemalung innerhalb von nur gut zehn Jahren gewechselt.*

A319-112. *Mit der Abnahme der ersten A319 erhielt die indische Regionalfluggesellschaft Indian Airlines eine radikal neue Bemalung mit dem auch auf der Landesflagge zu sehenden Chakra-Rad im Leitwerk. Die VT-SCA, Baunummer 2593, wurde im Dezember 2005 ausgeliefert und war die erste Maschine in dieser Bemalung. 2007 fusionierte die Airline mit dem Flagcarrier Air India, die A319 tragen aber weiterhin die Indian-Bemalung.*

A319-132. *Kingfisher ist die einzige Airline, die nach einem Bier benannt wurde. Kingfisher ist Indiens größte Biermarke. Nach Meinung des Autors ist es ein schmackhaftes Gebräu und die gleichnamige Airline nach eigener Erfahrung durchaus empfehlenswert. Die VT-KFH wurde 2005 gebaut und hat die Baunummer 2621.*

A319-112. *Niki Lauda, in den 70er Jahren Formel 1-Doppelweltmeister auf Ferrari, ist auch mit seiner zweiten Karriere der wohl erfolgreichste Ex-Rennfahrer. Niki heißt seine inzwischen zweite Airline, nachdem die ursprüngliche Lauda Air verkauft worden war, incl. den Rechten an seinem Familiennamen. Niki´s Flottenpolitik ist es, neue Flugzeuge der A320-Reihe zu leasen, um sie bereits nach wenigen Jahren wieder zurückzugeben und so eine der jüngsten Flotten der Welt anzubieten. Die OE-LEK wurde am 14.2.2007 ausgeliefert und war Niki´s erste A319. Nur vier Jahre trug sie die nicht unattraktive, eigenständige Bemalung der mit Air Berlin verschwesterten österreichischen Gesellschaft. Sie lief mit der Baunummer 3019 vom Band und trug den Namen „Tango“, bis sie im April 2011 an Germania weitergegeben wurde.*

A319-112. *Baunummer 1808 wurde 2002 an Finnair ausgeliefert. Die OH-LVF erhielt im Sommer 2008 eine für einen Airline-Verbund typische langweilige Sonderbemalung der Oneworld-Airline-Allianz.*

A319-132. *Die US-amerikanische Independence Air war eine Eintagsfliege. 2004 als Lowcostcarrier (neu) gegründet, beging man zuerst den Fehler, für den Geschäftsbereich völlig unökonomische Canadair-Jets einzusetzen. Als man schließlich auf A319 wechselte, war es bereits zu spät. Ende 2005 musste man sich unter Gläubigerschutz stellen (Chapter 11), im Januar 2006 wurde der Betrieb eingestellt. Die am 8.9.2004 ausgelieferte N803BR, eine von zwölf A319 der Airline fliegt seit März 2006 für Armavia.*

A319-111. *Baunummer 2763 wurde am 6.5.2006 an Frontier Airlines überstellt. Die N946FR wurde für nur zweieinhalb Jahre geleast und fliegt seit 2009 bei Bahrain Air. In Diensten von Frontier trug sie das Foto eines Papageientauchers im Leitwerk.*

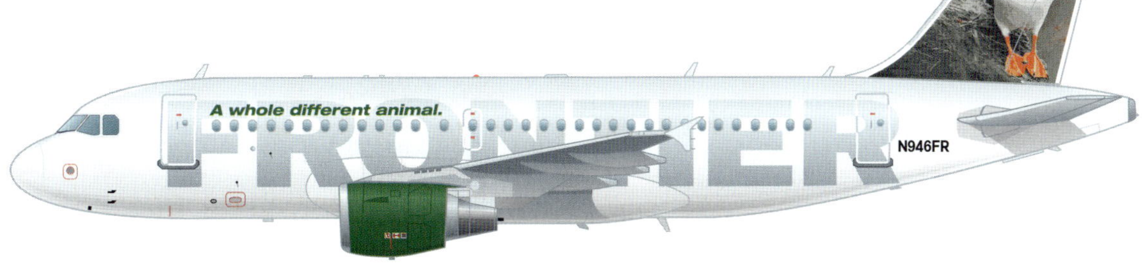

Die größten Betreiber der A319

A319-111. *Aktuell „besitzt“ die britische Easyjet mit über 150 Maschinen die weltgrößte A319-Flotte. Easyjet´s A319-Flotte ist recht jung, die älteste Maschine wurde 2003 ausgeliefert. Die G-EZIZ fliegt seit Januar 2006 und hat die Baunummer 2646. Da Easyjet ihre A319 in einer äußerst engen Bestuhlung (156 Passagiere, die Normalkapazität der größeren A320) einsetzt, musste ein zusätzlicher Notausstieg pro Seite her. Über das Design der am Markt erfolgreichen Billiggesellschaft Easyjet kann man streiten.*

A319-112. *US Airways hatte im Sommer 2011 insgesamt 93 A319 in Betrieb und ist damit die Nr.2 auf der Welt, wenn es um die Zahl der eingesetzten A319 geht. Die große Flotte kam auch durch die Fusion mit America West 2006 zustande. Die N745UW ist jedoch eine originale US Airways-Maschine, Baunummer 1289 und am 16.8.2000 ausgeliefert. Als die Airline nach der Fusion einzelne A319 in den Farben ehemaliger, in US Airways aufgegangener Gesellschaften lackieren ließ, bekam diese Maschine im März 2006 die Farben der alten Allegheny Airlines und das passende Kennzeichen N745VJ. Bereits zwei Monate später wurde diese Bemalung überarbeitet, da sich ehemalige Allgheny-Leute über die unexakte Weise beschwert hatten, in der die Bemalung ausgeführt worden war.*

A319-132. *Die aktuelle Standardbemalung der US Airways zeigt die N840AW, die neueste A319 der Airline. Am 14.2.2006 ausgeliefert, war die Maschine mit der Baunummer 2690 wie alle mit IAE-Triebwerken ausgerüsteten A319 von US Airways ursprünglich von America West geordert worden, wurde jedoch erst nach der Fusion gebaut.*

A319-114. *Baunummer 1662 ist eine der vielen A319, die an die traditionsreiche US-Gesellschaft Northwest Airlines ausgeliefert wurden. Die N335NB mit der Flottennummer 3135 wurde am 24.1.2002 übernommen. 2007 bekam die Maschine den neuen, silber-roten Look. 2009 fusionierte die Airline mit Delta Airlines, die seither mit gegenwärtig knapp 60 Maschinen die drittgrößte A319-Flotte betreibt. Seit 2010 fliegt die N335NB in den weniger individuellen Delta-Farben.*

A319-131. *United Airlines´ A319-Flotte ist fast genauso groß wie die der Delta, 55 Maschinen umfasste die Flotte 2011. Wie Delta schluckte auch United einen großen Konkurrenten, nämlich Continental Airlines. Im Zuge der Fusion verschwand 2010 aber nur der Name, denn als gemeinsame Bemalung wurde merkwürdigerweise nicht die erst sieben Jahre alte Farbgebung des Käufers bestimmt, sondern der bereits fast dreimal so alte, konservative Look der Continental ging als Sieger hervor. Die N854UA, Baunummer 1731, war am 17.5.2002 die zweitletzte A319, die an United ging, und erhielt noch den grau-blauen 90er Jahre Look. Im Winter 2010/2011 bekam sie die „neue“ Bemalung.*

A318 (ab 2002)

Die A318 ist das kleinste Flugzeug von Airbus, das vierte und letzte Mitglied der A320-Familie - und das kürzeste. Es besitzt allerdings eine höhere Heckflosse als die Schwestertypen. Schwierigkeiten mit dem speziell für diesen Typ entwickelten Pratt & Whitney 6000-Triebwerk verzögerten den Serienstart und ließen einige Kunde wieder abspringen. Ausserdem setzte Air France durch, das auch das CFM-Triebwerk, das man auf anderen Serien der A320-Reihe einsetzte, für den Mini-Airbus zertifiziert wurde. Am 15.1.2002 zum ersten Mal geflogen, erhielt der Erstkunde LAN Airlines schließlich nach schier endlosen fünf Jahren im Juni 2007 die erste von 15 Maschinen - vier Jahre nach der ersten A318 mit CFMs. Die A318 ist ein Nischenmodell, speziell zur Abrundung von A320-Flotten nach unten gedacht, denn für Airlines, die keine A319, A320 oder A321 betreiben, ist sie in diesem Größensegment in ökonomischer Hinsicht nicht wirklich konkurrenzfähig. Im Vergleich zu den drei anderen Modellen der A320-Reihe ist daher der Markterfolg der A318 minimal. Nur 80 Maschinen wurden gebaut, und nur wenige Bestellungen stehen noch aus. Ein nennenswerter Anteil der A318-Produktion waren Privatjets, denen Airbus die Bezeichnung „Elite" gegeben hat. Die Leistungsfähigkeit dieses Typs ist hoch und sie ist die größte Maschine, die für Steilanflüge vor allem in schwierigen Gebirgslagen zugelassen ist. Neue Aufträge sind bis auf mögliche VIP-Bestellungen unwahrscheinlich, die Produktion der glücklosen Pratt & Whitney-Triebwerke wurde nach Erfüllung des LAN-Auftrags sogar schon eingestellt. Es ist ein Einfaches, sämtliche Airlines, die die A318 orderten, auf dieser einen Doppelseite darzustellen.

A318-122. *Baunummer 1660. Am 3.6.2002 absolvierte der zweite A318-Prototyp seinen Erstflug. Sie war die erste mit Pratt & Whitney 6000-Triebwerken ausgerüsteten Maschine und absolvierte den ersten Teil des zermürbenden Testprogramms dieses problembeladenen Antriebs. Im April wurde sie auf CFMs umgerüstet und ging mit dem Kennzeichen N805FR an Frontier Airlines. Das Pratt & Whitney-Zertifizierungsprogramm wurde dann vom umgerüsteten ersten Prototyp F-WWIA weitergeführt.*

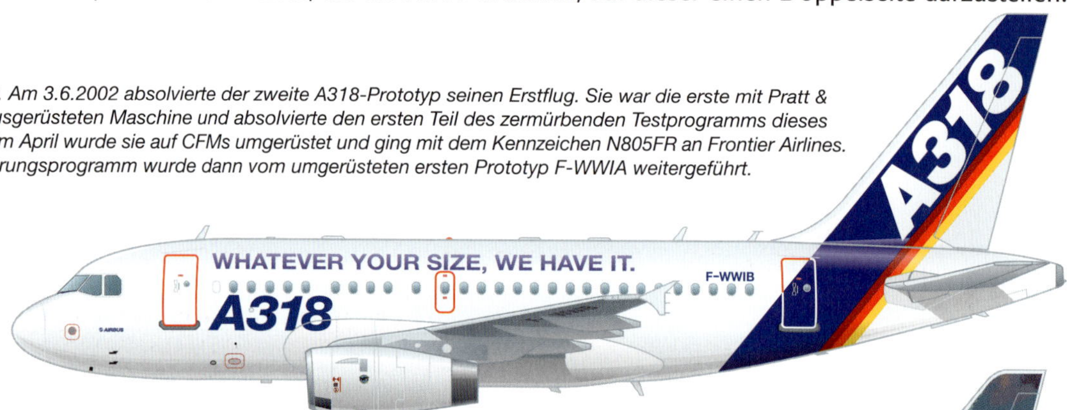

A318-111. *Baunummer 1939. Frontier Airlines N801FR „Grizwald" mit dem Grizzlybären im Leitwerk war die erste A318, die in Airlinedienst ging, am 21.7.2003. Von den einstmals elf Maschinen dieses Typs in der Flotte sind die meisten bereits wieder an die Leasinggeber retourniert worden, die N801FR ist eine der letzten verbliebenen A318 der Airline. Einige Schwestermaschinen wurden mangels Interessenten sogar bereits verschrottet, was angesichts ihres „Alters", teilweise weniger als drei Jahre, beispiellos ist.*

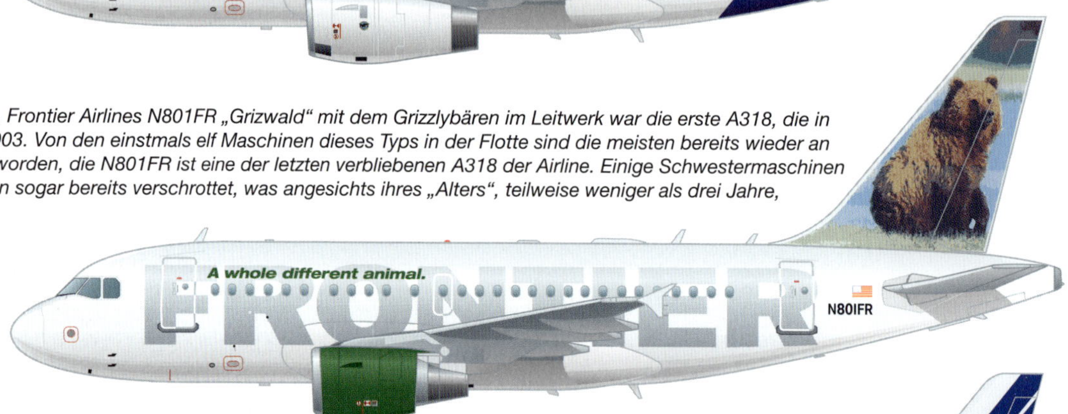

A318-111. *Baunummer 2582. Die F-GUGJ wurde am 5.10.2005 an Air France ausgeliefert und ist eine der 18 zwischen 2003 und 2007 gebauten Maschinen dieses Typs in der Flotte.*

A318-111. *Mexicana erhielt zehn A318. Die XU-UBQ wurde am 10.11.2004 ausgeliefert und hat die Baunummer 2358. Hier ist sie in der ursprünglichen, bis 2009 verwendeten Bemalung zu sehen. Nachdem die Airline im August 2010 Konkurs anmelden musste, wurden alle zehn A318 an Avianca Colombia weitergegeben, die ehemalige XU-UBQ trägt jetzt die US-Kennung N590AL.*

A318-111. *Die rumänische Tarom betreibt vier A318, die alle 2007 ausgeliefert wurden. Die am 5.12.2007 ausgelieferte YR-ASD ist die letzte dieser Maschinen und trägt den Namen der Luftfahrtpionierin „Smaranda Braescu".*

A318-121. *LAN Airlines war der Erstkunde der A318. Die Airline braucht diesen Typ wegen der vielen in den Anden gelegenen Ziele. Von den 15 abgenommen Maschinen sind aber nur noch zehn aktiv, fünf wurden 2011 an Avianca weitergegeben. Die CC-CVA, Baunummer 3001, war die erste A318 der Flotte und fliegt jetzt mit der Kennung PR-AVH für Avianca Brasil.*

A318-112 Elite. *British Airways beschaffte 2009 zwei Maschinen. Die G-EUNA mit der Baunummer 4007 wurde am 28.8.2008 ausgeliefert. Beide Maschinen bedienen den auf (gewöhnlich überbezahlte) Finanzleute zugeschnittenen sogenannten „Club World London City"-Service zwischen dem Londoner City-Airport und New York-JFK. Das Duo fliegt in einer attraktiven reinen Businessclassausführung mit nur 32 Sitzen (s. S. 82).*

Maße und Gewichte:
Länge: 31,44 m
Spannweite: 34.10 m
Höhe: 12,51 m
Radstand: 10,25 m
Rumpfdurchmesser: 3,95 m
Kabinenbreite: 3,70 m
Flügelfläche: 122,6 m²
Max. Startgewicht 68.000 kg
Max. Landegewicht: 57.500 kg

Antrieb:
Zwei CFM 56 5B8/P bzw. 9/P Turbofan-Triebwerke mit je 96 bzw. 100 kN Schubkraft, alternativ zwei Pratt & Whitney PW6122A bzw. 6124A mit je 96 bis zu 106 kN Schubkraft
Reisegeschwindigkeit: 828 km/h
Reichweite: bis zu 5.950 km

Kapazität:
2 Piloten
Maximale Sitzplatzkapazität: bis zu 132 Passagiere in Einklassen-Konfiguration, typische Sitzplatzkapazität in zwei Klassen etwa 107 Passagiere.

Moderne Jets in alten Kleidern

Nach 2000 kam unter den Airlines auf der ganzen Welt die Mode auf, einzelne Flugzeuge in historischen Bemalungen zu lackieren, zumeist zu Firmenjubiläen. Viele dieser sogenannten Retrojets sind Maschinen der A320er-Serie.

A321-131. *Lufthansa war der erste wichtige Kunde für die A321. U.a. ging das dritte Testflugzeug 1994 an den deutschen Flagcarrier. Die hier dargestellte D-AIRX ist eine spätere Maschine, Baunummer 887, ausgeliefert am 1.10.1998. Im April 2005 bekam sie die hier gezeigte, äußerst attraktive Retrobemalung zum 50-jährigen Firmenjubiläum.*

Airbus A319-111, *3320. A319/320/321, Baujahr 2007. Die auf den Namen „Halcon Peregrino“ getaufte EC-KKS wurde am 19.11.2007 aus Anlass des 80-jährigen Firmenjubiläums in einer smarten Retrobemalung im Stil der frühen 60er Jahre ausgeliefert.*

Airbus A319-112, _1275. A319/320/321, Baujahr 2000. Nach der Fusion von US Airways und America West Airlines, in deren Zuge der Namen letzterer Gesellschaft verschwand, wurden mehrere A319 in den Farben historischer Airlines lackiert, die bereits vor längerer Zeit in US Airways aufgegangen waren (s. auch S. 70). Die ehemalige N742UW von America West erhielt im März 2006 z. B. die Farben der 1987 aufgekauften PSA (Pacific Southwest Airlines). Die Maschine bekam eine neue Registrierung, die auf die bereits von PSA auf ihren historischen Kennzeichen benutzten Buchstaben PS endet, N742PS._

Airbus A320-211, _63. A319/320/321, Baujahr 1989, Diese am 1.9.1989 abgelieferte Maschine, eine der ältesten aktiven A320 erhielt im November 2008 eine attraktive Retrobemalung, die an die Air France der 50er Jahre erinnert, passend mit dem damals üblichen riesigen Kennzeichen. Diese Lackierung war die erste komplette Sonderbemalung in der Geschichte der Airline. Interessant: diese Bemalung bescherte der F-GFKJ ein längeres Leben als ihren zur gleichen Zeit gebauten Flottenkollegen, die zumeist bereits ausgeflottet sind und zum Teil schon verschrottet wurden._

Airbus A320-232, _1495. A319/320/321, Baujahr 2001. Im Jahre 2010 fusionierte United Airlines mit Continental Airlines. Der traditionsreiche Name „Continental“ verschwand zwar, allerdings erhielten die Flugzeuge der neue United merkwürdigerweise eine Bemalung, die der der aufgekauften Airline entspricht und übernahm sogar deren Logo. Vielleicht auch deshalb führte United Anfang 2011 eine Befragung durch, in der die Angestellten anlässlich des 85. Unternehmensjubiläums die Bemalung für einen Retrojet aussuchen durften. Gewinner war etwas überraschend die nur kurzzeitig von etwa 1972 bis 1976 verwendete sogenannte „Friendship“-Lackierung, die es zudem noch in mehreren Variationen gab. Diese Bemalung wurde dann im April 2011 auf der am 21.6.2001 ausgelieferten N475UA aufgebracht, erstaunlicherweise eine Maschine, die erst zwei Jahre zuvor die letzte United-Lackierung erhalten hatte._

Airbus A320-214, _4634. A319/320/321, Baujahr 2011. Eine Woche vor dem United-Retrojet wurde ein brandneuer Airbus A320 an Aer Lingus ausgeliefert, der zur Feier des 75-jährigen Bestehens der irischen Staats-Airline eine Retrobemalung im Stil der frühen 70er Jahre zeigt. Die EI-DVM wurde bei Übergabe am 25.3.2011 auf den Namen „St. Colman“ getauft._

VIP-Jets: A319CJ, A320 Prestige und A318 Elite

Die A320 hat sich einen festen Platz unter den großen Geschäftsreiseflugzeugen erobert. Airbus bietet vom A318, A319 und A320 dezidierte Businessjet-Versionen an. Bei der A319 heißt diese Variante „CJ" (für „Corporate Jet"). Später kamen die A320 „Prestige" und die A318 „Elite" hinzu. Besonders erfolgreich ist die A319-Variante mit fast 60 ausgelieferten Privat- und Regierungsjets.

A319-133X/A319 CJ. *Die Maschine mit der Baunummer 910 wurde Ende 1998 gebaut und flog im Mai 1999 zum ersten Mal. Mit der Kennung D-AVYB war sie der Prototyp der Businessjet-Version der A319, „CJ" genannt. Im März 2000 wurde sie an die Regierungsflotte überstellt. Die jetzt A6-ESH wurde bereits im darauf folgenden Monat an das Nachbar-Emirat Sharjah übergeben und fliegt seit 2004 für die Regierung der Vereinigten Emirate, allerdings ohne dass zwischenzeitlich die Bemalung gewechselt wurde.*

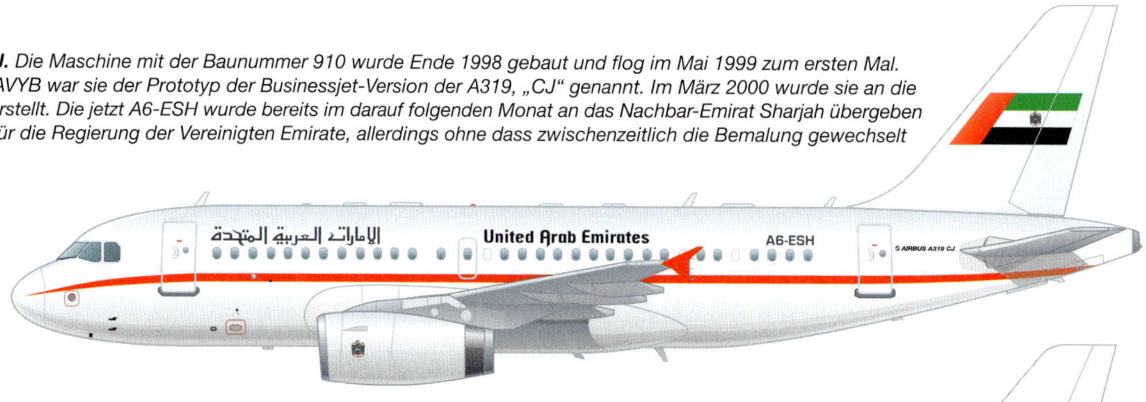

A319-133X/A319CJ. *Baunummer 1212 wurde am 13.11.2000 an Volkswagen ausgeliefert. Die Maschine ist eine der ersten CJs.*

A319-133X/CJ. *Baunummer 2192. Diese 2004 gebaute Maschine wurde am 17.11.2005 an System Capital Management (SCM) ausgeliefert und erhielt das exotische Kennzeichen P4-ARL (P4 steht für das karibische Aruba), nachdem sie während der Ausrüstungsphase drei andere Kennungen getragen hatte. Besitzer der Maschine ist der ukrainische Geschäftsmann Akhmetov, dem die SCM (eine der führenden Finanz- und Industriefirmen der Ukraine) gehört.*

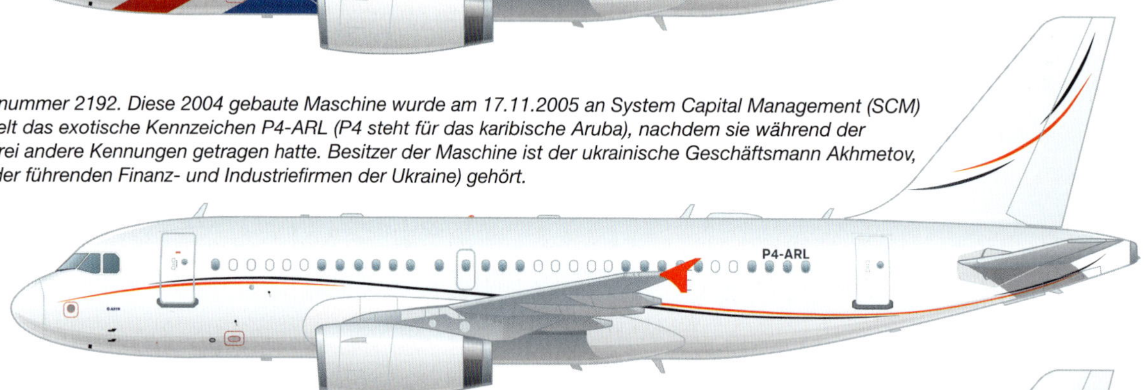

A319-115X/CJ. *Der schweizerische Businessjet-Betreiber Comlux Aviation erhielt am 21.6.2006 diese Maschine mit der Kennung HB-IPO. Im Januar 2007 wurde die Maschine an die Regierung Kasachstans vermietet und auf das dortige Register transferiert. Die nunmehrige UN-A1901 wurde nach eineinhalb Jahren zurückgegeben und erhielt im September 2008 das maltesische Kennzeichen 9H-AVK, nachdem sie der dortigen Comlux-Dependence übergeben wurde.*

A319-115CJ. *Der deutsche Businessjet-Betreiber DC Aviation besitzt mittlerweile vier A319CJs. Die D-AHAD mit der Baunummer 3632 wurde als bisher letzte dieses Quartetts am 17.9.2008 übernommen und danach in Basel mit einer VIP-Ausstattung ausgerüstet.*

A319-133CJ. *Baunummer 4060 ist die zweite A319 der Luftwaffe. Die Maschine wurde am 28.10.2009 ausgeliefert.*

A320-232. *Baunummer 2403 wurde 2005 für Air New Zealand gebaut, ging jedoch direkt an den saudischen Mischkonzern SAAD Group, um zum VIP-Flugzeug ausgerüstet zu werden. Die VP-CMS flog bis Oktober 2008 in dieser attraktiven, für einen Businessjet ungewohnt auffälligen Bemalung und wurde dann mit der Kennung A6-DLM an Dubai's Amiri Flight, der Regierungsflotte des Emirats, weitergegeben. Sie trägt gegenwärtig eine rotweiße Bemalung, die der A319 oben auf der gegenüber liegenden Seite sehr ähnlich ist.*

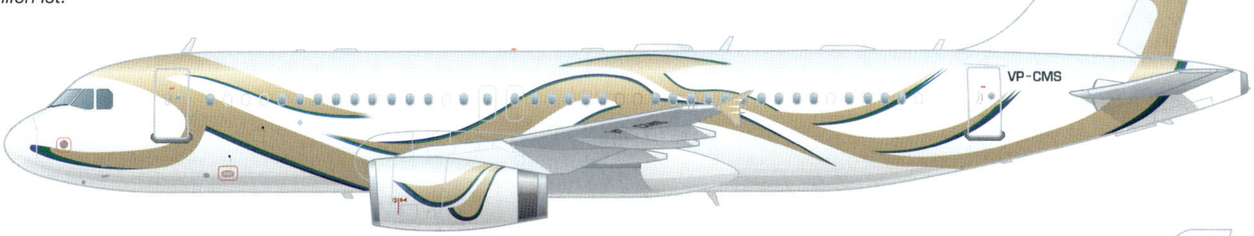

A318-112 Elite. *„Elite" ist die Bezeichnung der Businessjet-Ausführung der A318. Die VP-CKH, Baunummer 3530, 2008 ausgeliefert, gehört der Executive Aviation, fliegt für den Nigerianer Harry A. Akande und ersetzt eine alte Boeing 737-200.*

Eine Wochenproduktion der A320-Reihe im Jahr 2011

Selbst über 20 Jahre nach Auslieferung der ersten A320 steigt die Produktionsrate immer noch unaufhörlich. 2011 wurden pro Monat etwa 36 A318, A319, A320 und A321 hergestellt, Ende 2012 sollen es 42 sein. Eine einzige Monatsproduktion der Fabriken in Toulouse (A320), Hamburg (A318, A319, A321) und Tianjin (A320) würde vier Doppelseiten dieses Buches füllen, darum hier die exemplarische Produktion einer einzigen Woche, Maschinen, die Ende April 2011 ihre Erstflüge absolvierten. Wobei gesagt werden muss, dass die Maschinen nicht immer sklavisch nach der Baunummernliste fertiggestellt werden - vor allem die in China hergestellten A320 kommen in der Regel merklich später aus dem Werk als es die Baunummernfolge erwarten lassen würde.

A321-214. *Baunummer 4694 trug bei ihrem Erstflug am 21.4.2011 die Kennung F-WWDK. Am 18.5.2011 wurde das Flugzeug nach Colombo überstellt, wo die 4R-ABM als sechste A320 der aktuellen Flotte der SriLankan Airlines ihren Dienst antrat. Die anderen fünf A320 kamen übrigens als Gebrauchtflugzeuge nach Sri Lanka.*

A319-132. *Mit der TC-JLU übernahm Turkish Airlines am 6.5.2011 ihren siebten A319. Die Maschine mit der Baunummer 4695 hatte erst acht Tage vorher, am 29.4.2011 unter der Testkennung D-AVYQ ihren Erstflug absolviert.*

A321-232. *Baunummer 4696, Testkennung F-WWDM, China Southern´s B-6761, flog am 26.4.2011 zum ersten Mal und wurde am 19.5.2011 ausgeliefert. China Southern betreibt eine der größten A320-Flotten, im Sommer 2011 waren es 69 Stück.*

A321-233. *Am 7.5.2011 erhielt LAN Airlines mit der CC-BAM ihren aktuell 18. A320. Die Maschine mit der Baunummer 4697 hatte am 28.4.2011 mit der Testkennung D-AUBD ihren Erstflug absolviert.*

A321-231. *Baunummer 4698, Testkennung D-AZAP, wurde nach dem Erstflug am 29.4.2011 am 11.5.2011 an Turkish Airlines ausgeliefert. Die TC-JRP ist die 25. A321 in der aktuellen Flotte der schnell wachsenden Airline.*

A320-214. *Baunummer 4699 war ursprünglich von Nouvelair geordert worden, wurde jedoch für die Holidays-Abteilung der tschechischen CSA fertiggestellt. Die OK-HCA, Erstflug 26.4.2011, wurde am 20.5.2011 nach Prag überstellt und trägt keinerlei Markierungen, wohl weil es die Airline eilig hatte, in Anbetracht der Ausmusterung ihrer Boeing 737-400 zu Beginn der Sommersaison neue Kapazitäten anbieten zu können.*

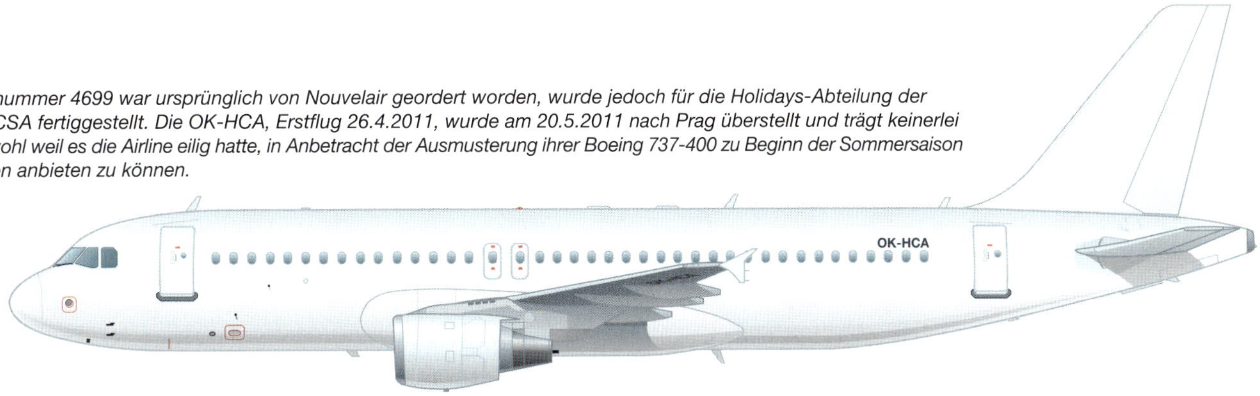

A320-232. *Die schnell wachsende Qatar Airways nahm am 25.5.2011 den 19. A320 in ihre Flotte auf. Die A7-AAH war am 28.4.2011 mit der Kennung F-WWBD zum ersten Mal geflogen.*

A320-233. *Silkair, die zu Singapore Airlines gehörende Regionalgesellschaft, erhielt am 13.5.2011 die zehn Tage zuvor mit der Registrierung D-AUBE zum Erstflug gestartete 9V-SLN. Die Maschine hat die Baunummer 4701 und ist die aktuell 13. A320 in der Flotte. Die Airline erhält seit 1998 etwa eine neue Maschine pro Jahr.*

Verunglückte Flugzeuge der A320-Familie

Die A320 und ihre Varianten habe sich als sehr sichere Flugzeugtypen herausgestellt. Bei der großen Zahl der gebauten Maschinen blieben Unfälle aber natürlich nicht aus. Bis 2011 mussten 19 A320, zwei A321 und eine A319 abgeschrieben werden, eine auffällig unproportionale Verteilung, auch wenn es erheblich mehr A320 gibt als A319 oder A321.

20.1.1992: *eine der ersten A320 mit der Baunummer 15 war in einen der schwersten Unglücke dieses Typs verwickelt. Die am 22.12.1998 ausgelieferte A320-111 F-GGED der Inter Air befand sich an diesem Tag auf dem kurzen frühabendlichen Inlandsflug IT148DA von Lyon nach Straßburg, als er bedingt durch eine von den Piloten nicht wahrgenommene zu hohe Sinkrate kurz vor der Landung mit dem 763 m hohen Mt. Saint Odile kollidierte. 87 der 96 Insassen kamen ums Leben. Zugrundliegende Ursache der Katastrophe war die Tatsache, das die Piloten den Bordcomputer falsch programmiert hatten.*

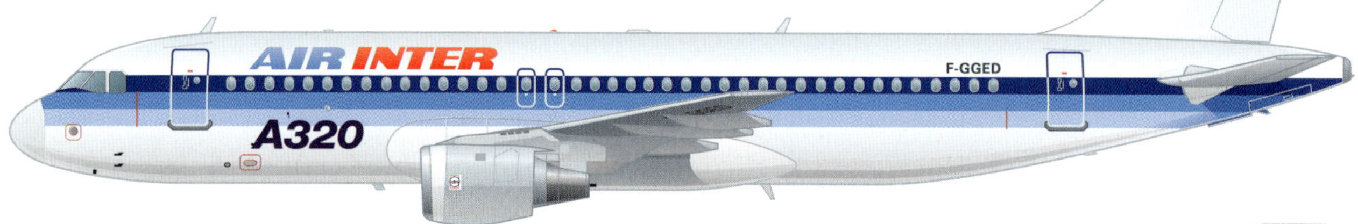

10.4.1992: *Lufthansa´s D-AIPN mit der Baunummer 105 war eine am 10.4.1990 ausgelieferter A320-211. Das auf den Namen der Stadt Kulmbach getaufte Flugzeug wurde bei einer missglückten Landung auf dem Flughafen von Warschau zerstört. Flug LH2904 aus Frankfurt wurde zum Verhängnis, dass im Moment der Landung bei Regenwetter der Wind plötzlich auf achterlich drehte. Dadurch und durch die Tatsache, dass die Landebahn überflutet war, gelang es den Piloten nicht mehr, ihr Flugzeug rechtzeitig zum Stehen zu bringen. Der A320 kollidierte hinter dem Ende der Bahn mit einer Aufschüttung und wurde völlig zerstört. Zwei der 70 Menschen an Bord starben, darunter der Copilot, etliche Passagiere wurden verletzt. Dieses Unglück war der letzte Verlust einer Lufthansa-Passagiermaschine.*

10.3.1997: *Gulf Flug 071 geht von Abu Dhabi nach Bahrain. Am 10.3.1997 endete der Morgenflug aber vorzeitig, noch ehe das an diesem Tag eingesetzte Flugzeug, eine 1995 gebaute A320-212 mit der Baunummer 536 und der Kennung A4O-EM überhaupt abgehoben hatte. Die Piloten waren durch Steuerungsprobleme gezwungen, den Start abzubrechen. Die Maschine konnte aber nicht mehr auf der Bahn zum Stehen gebracht werden und wurde ausgelöst durch eine brechende Vorderradaufhängung irreparabel beschädigt. Niemand der 115 Insassen kam ernsthaft zu Schaden.*

19.1.2003: *die bisher einzige A319 musste durch den Fehler eines Mechanikers abgeschrieben werden. Northwest Airlines´ N313NB war die A319-114 mit der Baunummer 1167 aus dem Baujahr 2000, die an diesem Tag vor dem nächsten Flug ans Gate des New Yorker Inlandsflughafens La Guardia manövriert wurde, als der Mechaniker auf dem Pilotensitz aus Versehen zuviel Schub gab. Die Maschine streifte eine danebenstehende Boeing 757 und das Vorderrad brach ab. Dadurch wurde der Rumpf irreparabel beschädigt.*

3.5.2006: *Armavia's A320-211 mit der Kennung EK32009 war eine 1995 gebaute ehemalige Ansett-Maschine, die seit 2004 an die armenische Airline verleast war und gut 28.000 Flugstunden hinter sich hatte. Am Ende des Nachtfluges 967 von Eriwan geriet das Flugzeug vor der Landung in Sochi in schlechtes Wetter. Die Landung auf der Krim war bereits mehrmals abgebrochen worden, als das Flugzeug ins Schwarze Meer stürzte, nachdem der unter extremem Stress stehende Pilot in der herrschenden Dunkelheit die Orientierung verloren und seine Maschine irrigerweise nach unten gesteuert hatte. Alle 113 Menschen an Bord starben. Zwei Tage später wurde eine zweite A320 der Armavia bei einem Hangarbrand in Brüssel zerstört.*

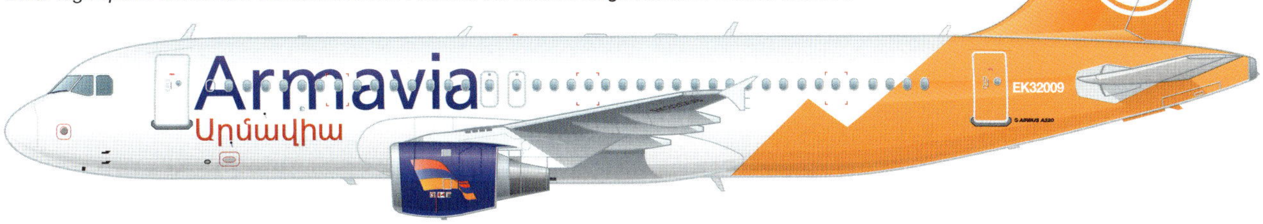

17.7.2007: *an diesem Tag ereignete sich der bis dato schwerste Unfall einer A320, und das schwerste Unglück in der Luftfahrtgeschichte Brasiliens. Die PR-MBK der brasilianischen TAM, eine 1998 gebaute ehemalige Maschine der TACA mit der Baunummer 789, hatte an diesem Tag den frühabendlichen Flug 3054 von Porto Allegre eigentlich schon hinter sich, als die Landung auf Sao Paulo's innerstädtischen Airport Congonhas auf fürchterliche Weise schief ging. Die Landebahn war nass, und als die Piloten merkten, dass sie ihr Flugzeug nicht mehr rechtzeitig zum Stehen bringen würden, versuchten sie durchzustarten. Zu spät. Zwar kam man über die Flughafenbegrenzung hinweg, gewann aber nicht ausreichend an Höhe und kollidierte mit einem angrenzenden Tanklager. Alle 187 Insassen und zwölf Menschen am Boden kamen ums Leben.*

15.1.2009: *der bekannteste Unfall einer A320 endete mit einem Wunder. Die involvierte Maschine war die A320-214 mit der Baunummer 1044, 1999 mit der Kennung N106US an US Airways ausgeliefert. An diesem Tag sollte das Flugzeug von New York-La Guardia nach Charlotte in South Carolina fliegen. Kurz nach dem Start geriet die Maschine über der Nordspitze von Manhattan in einen Schwarm Gänse. Beide Triebwerke fielen aus. Schnell realisierte Captain Sullenberger, dass eine Landung auf dem Wasser die einzige Möglichkeit bot, die Menschen an Bord zu retten. Er entschied sich für eine Landung auf dem eiskalten Hudson River, die in der Nähe des Museums-Flugzeugträgers „USS Intrepid" mustergültig ausgeführt wurde und den kurz vor der Pensionierung stehenden Piloten zum nationalen Helden werden ließ. Niemand der 155 Insassen kam zu Schaden, da die Maschine nicht auseinanderbrach und Rettungsschiffe innerhalb weniger Minuten zur Stelle waren.*

28.7.2010: *Air Blue ist eine kleine pakistanische Fluggesellschaft, die seit 2006 die im Jahr 2000 gebaute ehemalige Aero Lloyd-A321-231 mit der Baunummer 1218 von ILFC geleast hatte (s. S. 63). Die AP-BJB hatte 34.000 Flugstunden auf der Uhr, als sie auf dem aus Karachi kommenden Flug ED202 bei üblem Wetter und sehr schlechten Sichtverhältnissen beim zweiten Anflugsversuch auf den Flughafen von Islamabad um 9 Uhr 45 morgens mit den Murhalla-Bergen kollidierte. Alle 152 Insassen starben.*

Sitzpläne der A320-Familie

Anders als bei Großraumflugzeugen sind der
enge Grenzen gesetzt. Flugzeuge der A320-
der ganzen Welt nicht. Full-Service-Airlines
das vordere Drittel der Businessclass
Reihenabstand etwas grösser ist und nur
Aufteilung flexibel, d.h. je nach aktueller
hinzugefügt oder entfernt werden.
Economyausstattung mit Maximal-
vom Einsatzprofil abhängig, d. h.
Mittelstreckenverkehr

Kreativität bei der Innenraumaufteilung kleinerer Airliner
Flugzeugfamilie in Dreiklassenauslegung gibt es wohl auf
setzen ihre Maschinen in klassischer Aufteilung ein, wobei
vorbehalten ist, was in der Regel bedeutet, dass dort der
je zwei Sitze pro Gangseite verkauft werden. Meist ist die
Buchungslage können einzelne Sitzreihen der Businessclass
Billig-Airlines fliegen ihre Maschinen meist in einer reinen
bestuhlung. Die Zahl der Toiletten und Bordküchen ist stark
davon, ob das betreffende Flugzeug eher im Kurz- oder aber im
eingesetzt wird.

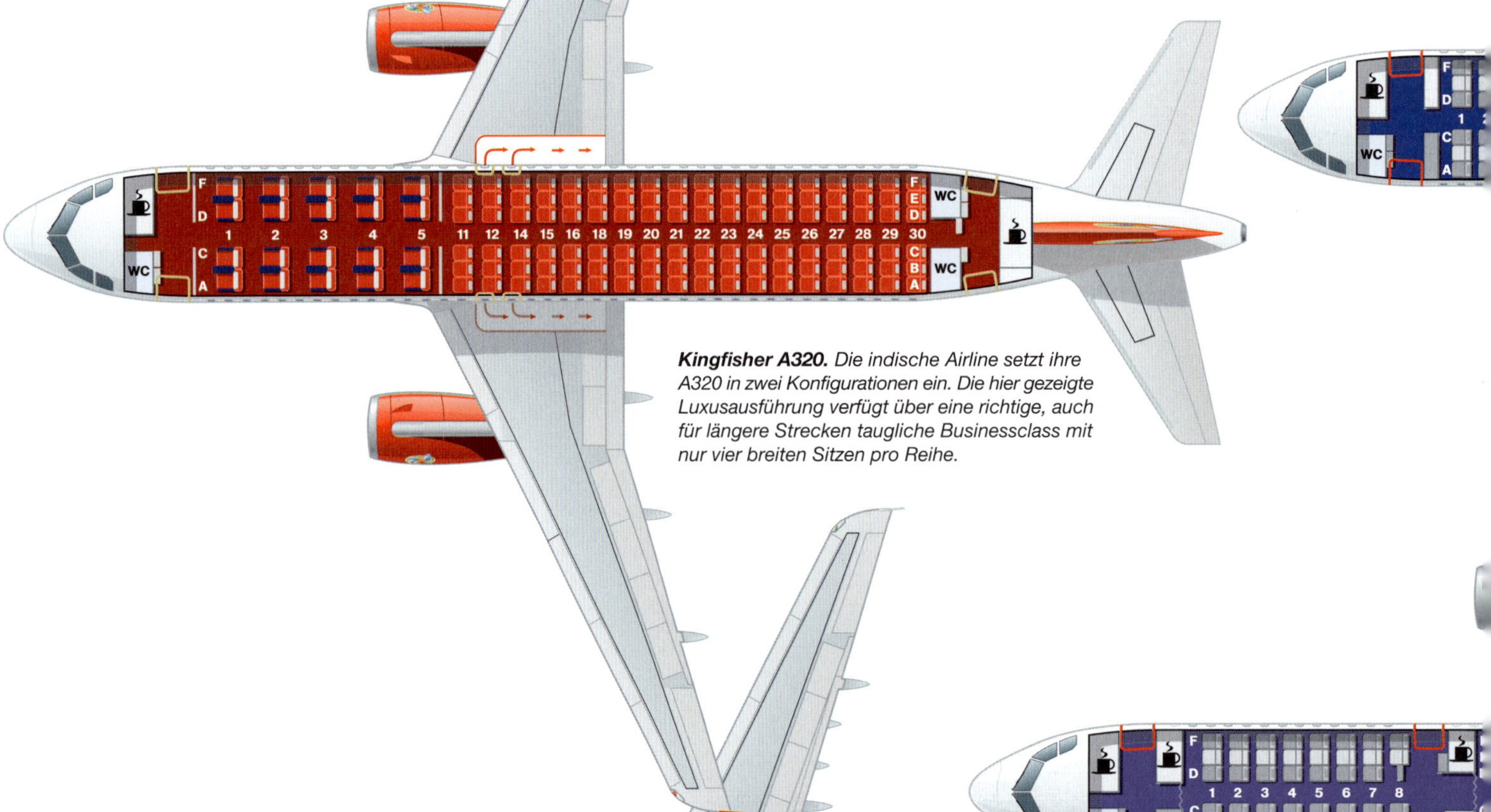

Kingfisher A320. *Die indische Airline setzt ihre A320 in zwei Konfigurationen ein. Die hier gezeigte Luxusausführung verfügt über eine richtige, auch für längere Strecken taugliche Businessclass mit nur vier breiten Sitzen pro Reihe.*

Austrian Airlines A321. *All-Economy klingt nach Billigflieger, die Österreicher gönnen ihren Passagieren aber mit „nur“ 200 Plätzen spürbar mehr Knieraum als Lowcost-Airlines, die noch bis zu 20 Sitze mehr hineinquetschen.*

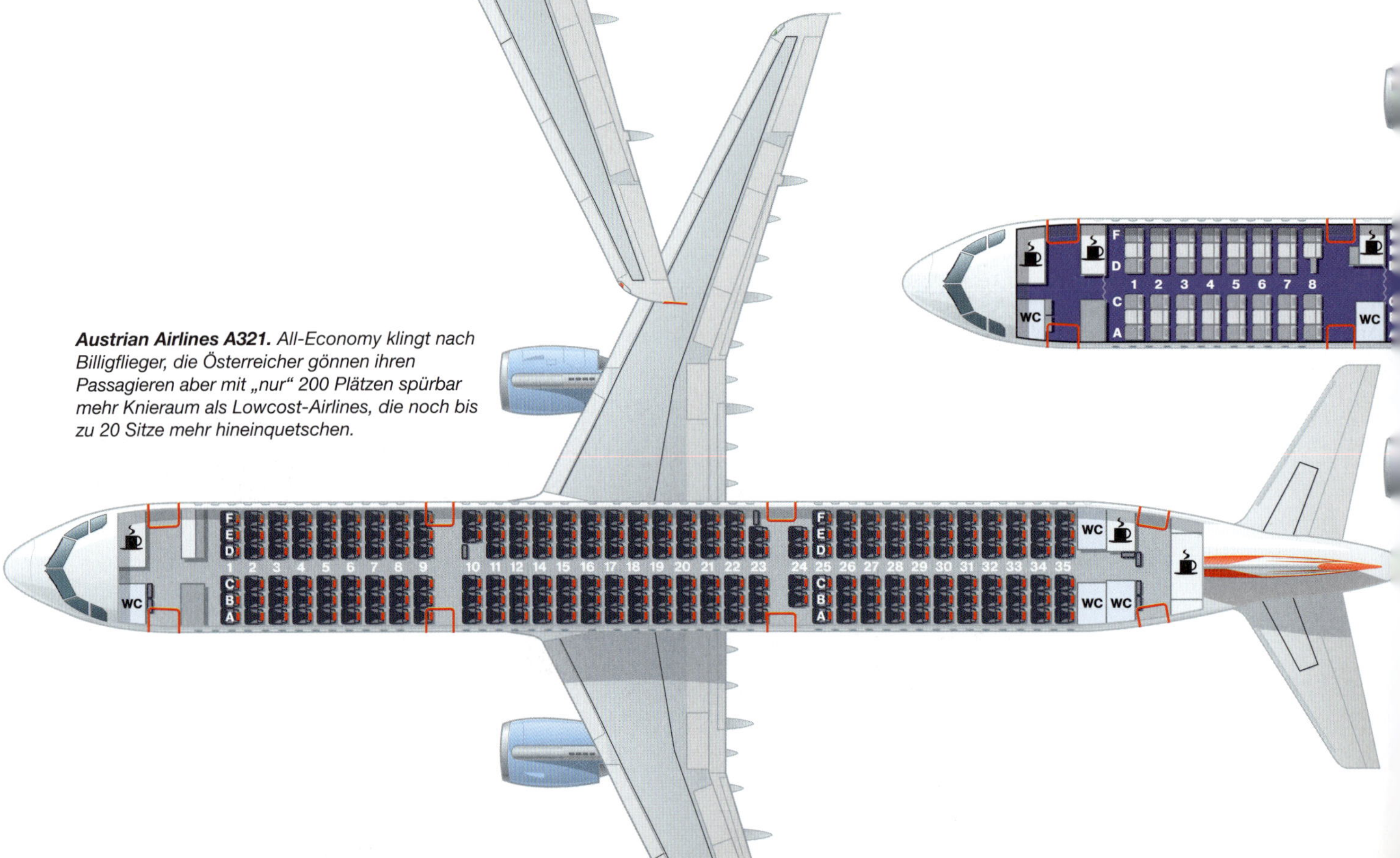

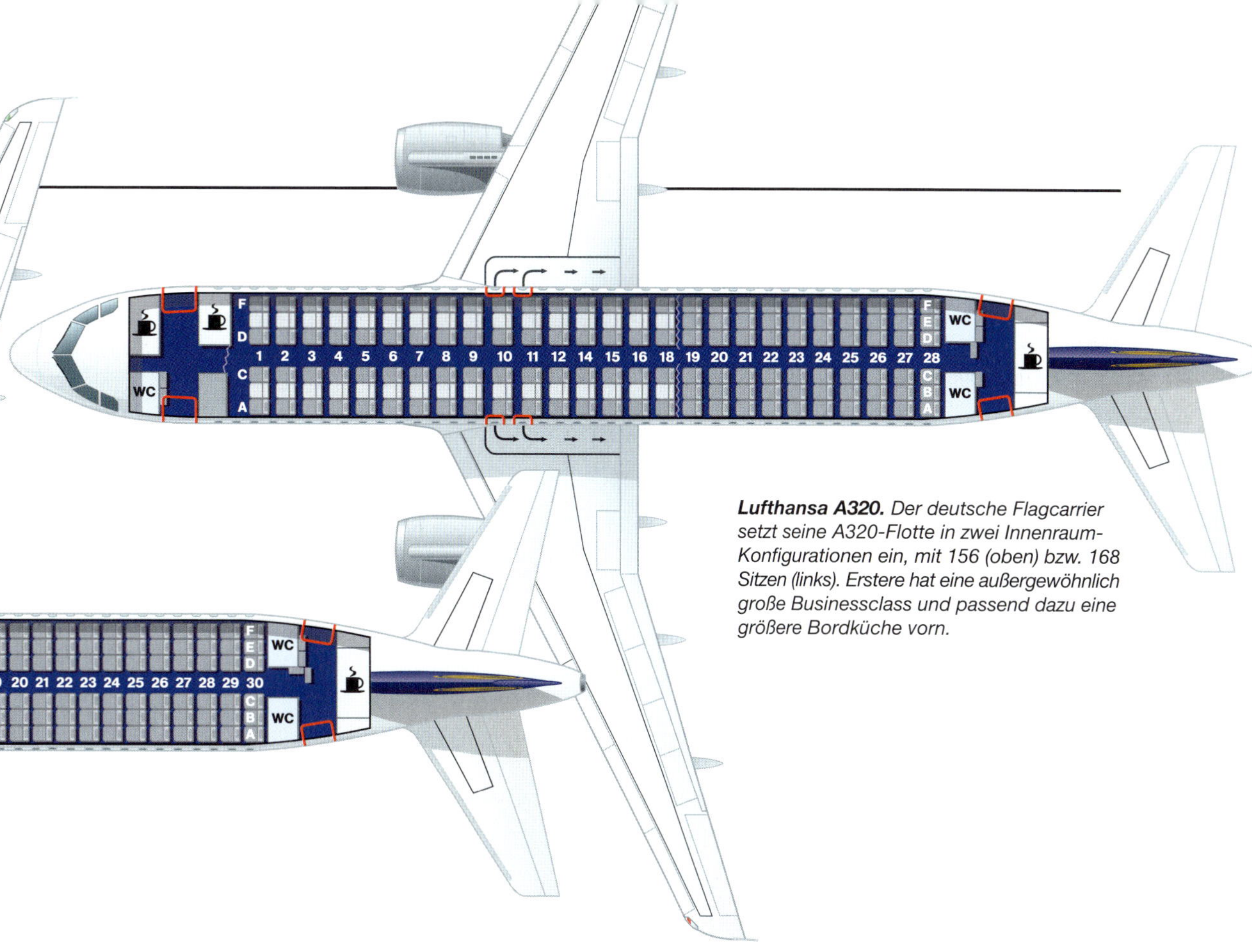

Lufthansa A320. *Der deutsche Flagcarrier setzt seine A320-Flotte in zwei Innenraum-Konfigurationen ein, mit 156 (oben) bzw. 168 Sitzen (links). Erstere hat eine außergewöhnlich große Businessclass und passend dazu eine größere Bordküche vorn.*

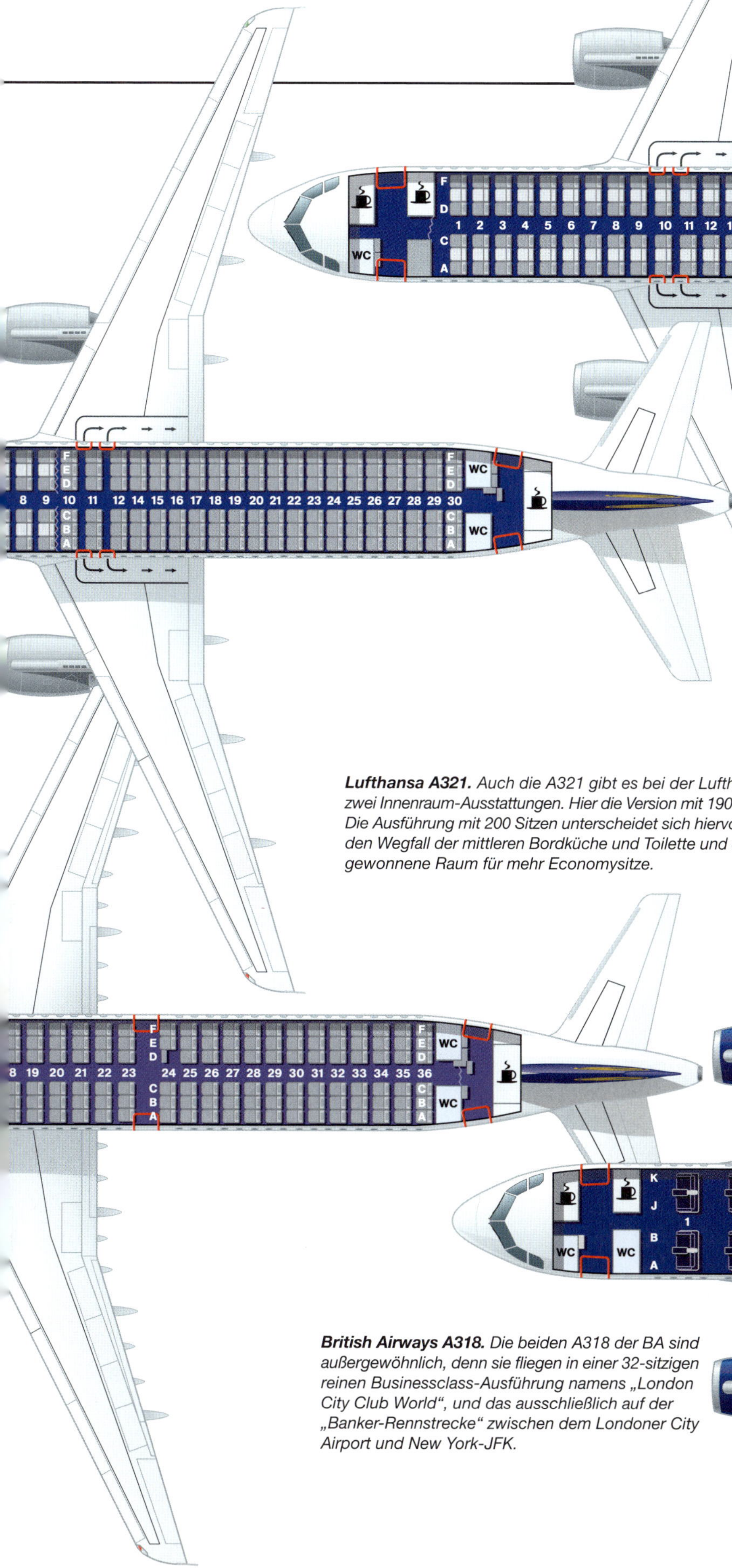

Lufthansa A321. *Auch die A321 gibt es bei der Lufthansa in zwei Innenraum-Ausstattungen. Hier die Version mit 190 Plätzen. Die Ausführung mit 200 Sitzen unterscheidet sich hiervon durch den Wegfall der mittleren Bordküche und Toilette und dadurch gewonnene Raum für mehr Economysitze.*

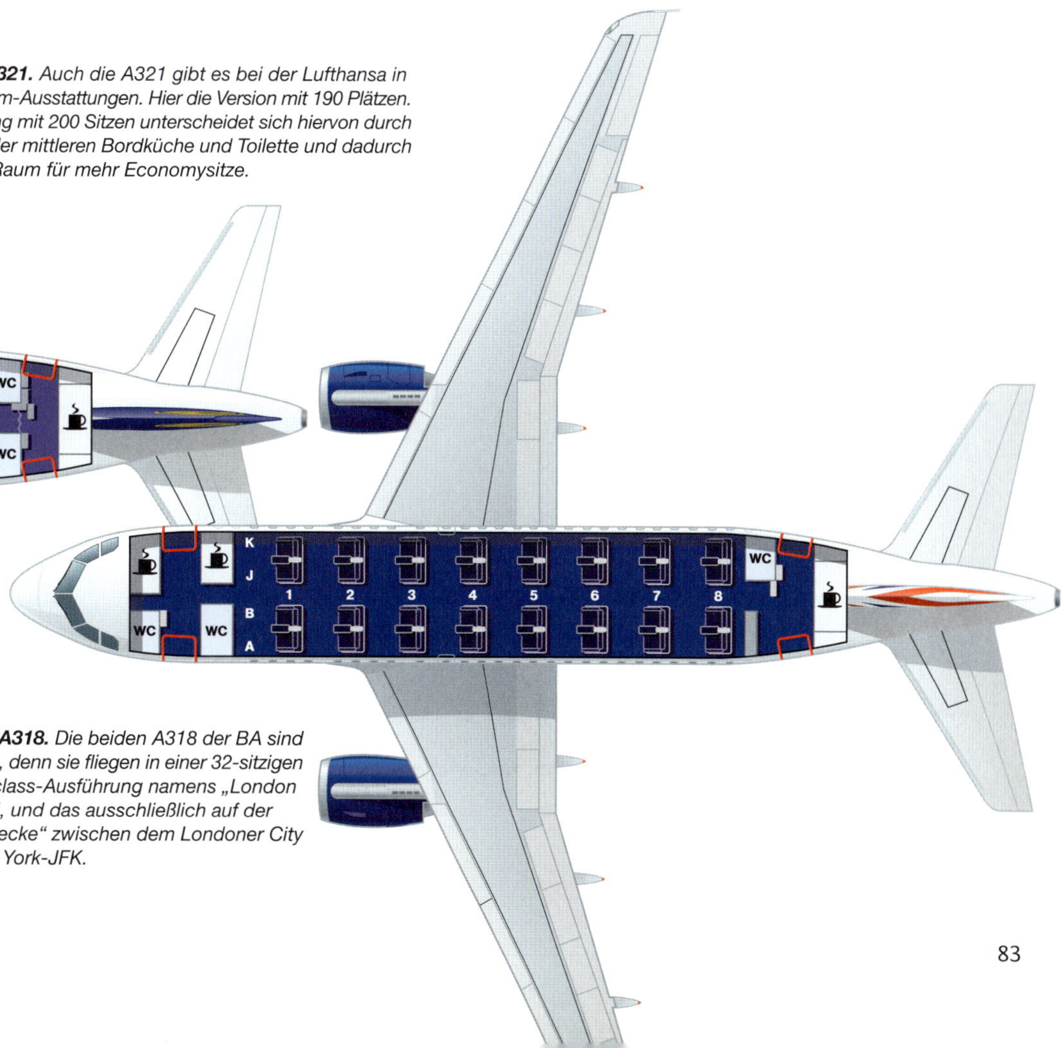

British Airways A318. *Die beiden A318 der BA sind außergewöhnlich, denn sie fliegen in einer 32-sitzigen reinen Businessclass-Ausführung namens „London City Club World“, und das ausschließlich auf der „Banker-Rennstrecke“ zwischen dem Londoner City Airport und New York-JFK.*

Fit für die „Wilden 20er“: A320 NEO

Während auf dem Markt der Langstreckenverkehrsflugzeuge ständige Bewegung herrscht und ein neuer Typ den anderen ersetzt oder ergänzt, herrschte bei den „Brot-und-Butter“-Kurz- und Mittelstrecken-Flugzeugen mit nur einem Mittelgang eine erstaunlich lange Zeit quasi Stillstand. Mit Ausnahme des erfolglosen Nischentyps A318 hatte Airbus im Segment der meistverkauften Verkehrsflugzeuge seit 1996 für schier unglaubliche eineinhalb Jahrzehnte nichts erwähnenswert Neues aufzubieten, und auch von Boeing gab es seit der Einführung der gründlich renovierten 737NG im Jahre 1999 rein garnichts von Wichtigkeit zu berichten. Es schien fast, als hätten sich die beiden weltbeherrschenden Anbieter in diesem Bereich zum Nichtstun verabredet. Erst durch die Aktivität zweier aufstrebender Konkurrenten am unteren Rand des 100- bis 200-Sitzer-Segments, Embraer und Bombardier, kam kurz vor 2010 endlich Bewegung in das bequeme Duopol, in dem Airbus und Boeing bisher mehr oder weniger jeweils die Hälfte „besetzen“. Schließlich machte Airbus den ersten Zug, als Ende 2010 die A320 NEO gelauncht wurde, wobei NEO für New Engine Option steht, eine ab 2016 zur Auslieferung vorgesehene Version der A320 mit komplett neuen Triebwerken zweier Hersteller (CFM Leap-X und Pratt & Whitney PW1100G) und großen Winglets (von Airbus Sharklets genannt). Die „alte“ A320 - ab 2012 auch mit Sharklets erhältlich, die somit kein Alleinstellungsmerkmal für die NEO werden - soll für längere Zeit parallel zur A320 NEO gebaut werden, so zumindest die Absicht von Airbus. Ein grundsätzlich neues Flugzeug ist die A320 NEO natürlich nicht, auch, weil beim derzeitigen Stand des Wissens ein technologischer Sprung, der die Entwicklung eines gänzlich neuen Typs rechtfertigen würde, laut Airbus nicht vor den 20er Jahren möglich sein wird. Nach Airbus´ Entscheidung für die NEO zog Boeing selbstverständlich nach, kanzelte Airbus´ Plan als halbherzig ab und kündigte etwas voreilig ein ganz neues Flugzeug als Ersatz der 737 an. Nachdem Airbus mit der NEO aber eine Rekordorder nach der anderen einheimste, begann Boeing kleinere Brötchen zu backen und setzt jetzt auch auf eine 737 mit neuen Triebwerken - zum wiederholten Mal. Die A320 NEO soll bis zu 15% weniger Kerosin verbrauchen. Wenn dieses Versprechen eingelöst wird und nicht nur einen Ausnahmewert unter Optimalbedingungen darstellt, ist es nicht allzu schwer vorherzusagen, dass die NEO die ältere Version bereits sehr bald ganz ablösen wird, auch wenn das vielleicht nicht ins aktuelle Konzept von Airbus passt.

A320 NEO. *Launch Customer der NEO wurde Virgin America. Die US-Tochter des Luftfahrtimperiums von Sir Richard Branson orderte Mitte Januar 2011 insgesamt 30 Maschinen des neuen Typs. Zur gleichen Zeit gab der indische Lowcostcarrier IndiGo bekannt, bis zu 150 NEOs bestellen zu wollen, die über zehn Jahre ab 2016 zu einer Flotte stoßen sollen, die vorher bereits auf über 100 „Standard-A320“ anwachsen wird. Dieses Absichtserklärung von IndiGo war die bis dato größte der zivilen Luftfahrtgeschichte. Die NEOs beider Airlines sollen mit Pratt & Whitney-Antrieben ausgestattet werden.*

A320 NEO. *Im März 2011 bestellte Lufthansa 30 Maschinen der zweiten A320-Generation, die, angetrieben vom neuen Pratt & Whitney PW1100G, ab 2016 ausgeliefert werden sollen. Im Juni 2011 orderte die indische Billigairline GoAir 72 Stück und wählte den gleichen Triebwerkshersteller wie alle NEO-Besteller bis dahin. Darüber hinaus bestellten TAM aus Brasilien und die philippinische Cebu Pacific 22 bzw. 30 Maschinen.*

A320 NEO. *Der Pariser Luftfahrtsalon im Juni 2011 wurde zu einem überwältigenden Erfolg für die neue A320-Variante. Nach SAS´ Order für 30 von CFM Leap-X angetriebene Maschinen bestellten drei Leasinggesellschaften zusammen über 150 NEOs, darunter die ersten 25 A321 NEOs (für ILFC). Jetblue bestellte 40 A320NEOs und Garuda Citilink zehn, bevor Air Asia einen Deal über 200 Maschinen bekanntgab - die bis dato größte Order, die eine Airline je getätigt hatte und umso erstaunlicher, als das die Airline zum Zeitpunkt der Vertragsunterzeichnung noch über 100 „klassische" A320-Auslieferungen ausstehen hatte. Darüber hinaus orderte auch TransAsia Airways sechs A321 NEO. Damit wurden innerhalb von sechs Monaten nach dem Launch bereits über 1000 NEOs bestellt bzw. Absichtserklärungen unterzeichnet. Weitere Vorabestellungen folgten schnell: bereits wenige Tage nach dem Pariser Salon bestellte China 60 A320NEOS. Im August 2011 orderte Qantas für ihre Tochterfirmen 78 Maschinen. Damit ist die Produktion bis 2020 bereits fast ganz geblockt. Interessant dabei, dass ein Großteil der Bestellungen nicht von den großen Fluggesellschaften kam, sondern von aufstrebenden Regional- und Billiganbietern.*

Im Juli 2011 gab American Airlines eine Absichtserklärung über den Kauf von schier unglaublichen 250 A320 ab, von denen ein großer Teil auf die NEO entfallen soll. Interessant wird zu sehen sein, ob die Airline mit der Einführung der A320 eine neue Bemalung einführen wird. Der über 40 Jahre alte, zeitlose Look von AA mit metallisch silbernem Rumpf lässt sich nämlich auf der A320 nicht umsetzen, und ein grauer Lack wie anfangs bei der A300 Ende der 80er Jahre (s. S. 36/37) ist jedenfalls nicht der Weisheit letzter Schluss. Aktuelle Silberlacke kommen auch bei weitem nicht an den Glanz von blankem Metall heran.

Airbus A340-200/-300 (1992-2008)

Die viermotorige Langstreckenmaschine A340 wurde zusammen mit dem eher für mittlere Strecken vorgesehenen A330 entwickelt. Bis auf die Zahl der Triebwerke, minimale Unterschiede bei den Flügeln und teilweise am Leitwerk sind die A330 und die A340 baugleich. Die kürzere A340-200 war für Ultralangstrecken vorgesehen, ihr Reichweitenvorteil wurde jedoch bereits nach wenigen Jahren durch die leistungsgesteigerte A340-300E (inoffiziell auch X genannt) fast egalisiert, was die pro Passagiersitz deutlich durstigere -200 schnell überflüssig machte und mit nur 29 gebauten Maschinen zur Rarität werden ließ. 2003 wurde die -300 durch eine „Enhanced" genannte Variante nochmals verbessert. Die im selben Jahr eingeführten A340-500/600, ständige Verbesserungen an der A330 und die geplante A350 als Nachfolgemuster ließen ab 2005 ein baldiges Ende der -300er-Produktion absehen. 2008 wurde die letzte Maschine eines der wohl elegantesten Flugzeugmuster der Zivilluftfahrtgeschichte ausgeliefert.

Alle Versionen weisen auf dem Unterdeck der rechten Seite eine Frachttür vor und zwei Frachttüren hinter den Tragflächen auf.

Alle Versionen der A340 wie der A330 tragen die gleichen kleinen Winglets.

Die Triebwerke 1 und 4 sind relativ weit außen angebracht.

Bei der hier zum Vergleich der Rumpflängen abgebildeten A340-211 D-AIBA handelt es sich um die achte Maschine der Baureihe. Sie nahm am Testprogramm teil und wurde daher erst am 29.1.1994 ausgeliefert. Von 1997 bis 2001 flog sie in dieser seltenen Star Alliance-Bemalung, 2003 wurde sie an South African Airways veräußert. Eine A340-200 hält übrigens den Langstreckenrekord für Passagierflugzeuge - 19.000 km.

Am Fuß des Leitwerks befindet sich eine charakteristische Verdickung, deren Form im Laufe der Zeit abgeändert wurde.

Im Stand sind alle Maschinen der A330/340-Baureihen bis auf den A330 Frachter leicht nach vorn geneigt.

Bei der auf dieser Seite abgebildeten Maschine handelt es sich um die 379. der Baureihe, die am 26.1.2001 an die Lufthansa ausgelieferte A340-300 D-AIFC, die untypischerweise nicht nach einer deutschen Stadt benannt wurde, sondern die Namen der kanadischen Ausweichflughäfen „Halifax/Gander“ trägt. Grund dafür war die vorbildliche Gastfreundschaft der kleinen kanadischen Stadt gegenüber Tausenden nach den Terroranschlägen vom 11.9.2001 hier gestrandeten Passagieren.

Die Kunden der A340-200/300 (in Klammern Ist-Bestand 2011)
Airbus: 1
Air France: 30 (17)
Lufthansa: 37 (26)
Virgin Atlantic: 11 (6)
Singapore Airlines: 17 (0)
Gulf Air: 9 (4)
AirLanka/SriLankan: 3 (5)
Air Mauritius: 8 (6)
Austrian Airlines: 4 (0)
China Airlines: 7 (6)
Philippine Airlines: 4 (4)
Iberia: 23 (18)
Cathay Pacific: 19 (11)
Air China: 6 (6)
Sabena: 2 (0)
China Eastern: 5 (5)
Olympic Airways: 4 (4)
Lan Chile: 4 (4)
South African Airways: 6 (8)
Swiss I.A.: 9 (15)
Finnair: 4 (6)
zusätzlich mehrere Regierungsflugzeuge

Stückzahlen:
A340-200: 29 (1992-1998)
A340-300: 217 (1992-2009)

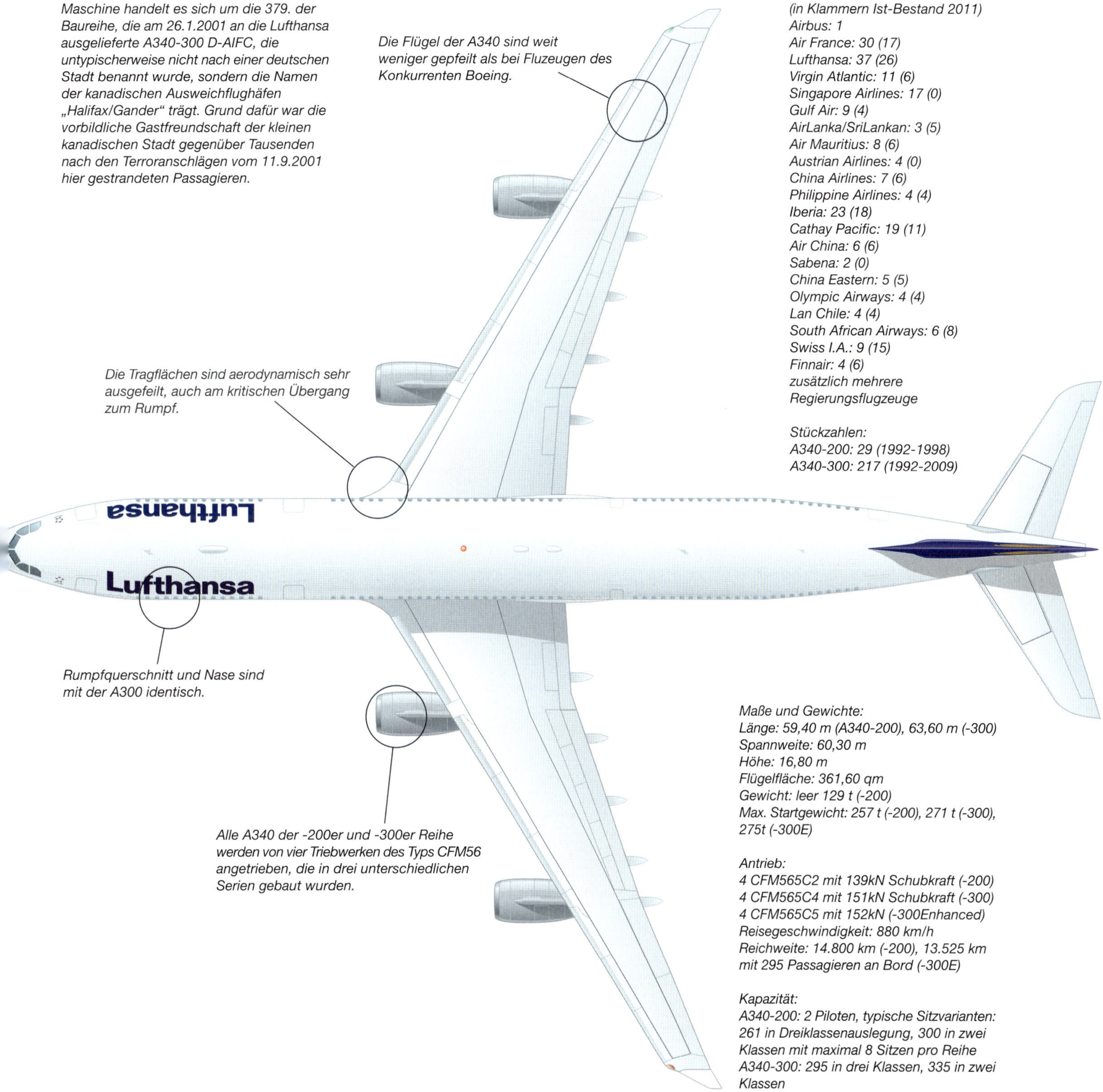

Maße und Gewichte:
Länge: 59,40 m (A340-200), 63,60 m (-300)
Spannweite: 60,30 m
Höhe: 16,80 m
Flügelfläche: 361,60 qm
Gewicht: leer 129 t (-200)
Max. Startgewicht: 257 t (-200), 271 t (-300), 275t (-300E)

Antrieb:
4 CFM565C2 mit 139kN Schubkraft (-200)
4 CFM565C4 mit 151kN Schubkraft (-300)
4 CFM565C5 mit 152kN (-300Enhanced)
Reisegeschwindigkeit: 880 km/h
Reichweite: 14.800 km (-200), 13.525 km mit 295 Passagieren an Bord (-300E)

Kapazität:
A340-200: 2 Piloten, typische Sitzvarianten: 261 in Dreiklassenauslegung, 300 in zwei Klassen mit maximal 8 Sitzen pro Reihe
A340-300: 295 in drei Klassen, 335 in zwei Klassen

Die ersten A340 im Liniendienst

Die A340 wurde vom Markt sehr gut angenommen, so dass etliche große Fluggesellschaften vor allem aus Europa und Asien bereits Mitte der 90er Jahre das zu dieser Zeit effektivste und (bis zum Erscheinen der A380) leiseste Langstrecken-Verkehrsflugzeug ihr eigen nennen konnten. Lufthansa, Air France und Virgin Atlantic machten 1993 den Anfang, renommierte Airlines, die auch fast 20 Jahre später noch stolz auf ihre A340 sind.

Airbus A340-311. *Turkish Airlines war die Nummer 4 auf der Liste der A340-Betreiber. Die TC-JDJ „Istanbul“ war dabei die erste A340 des türkischen Flagcarriers, mit der Baunummer 23 am 22.7.1993 ausgeliefert. Sie fliegt so wie alle neun A340 nach wie vor für die Airline.*

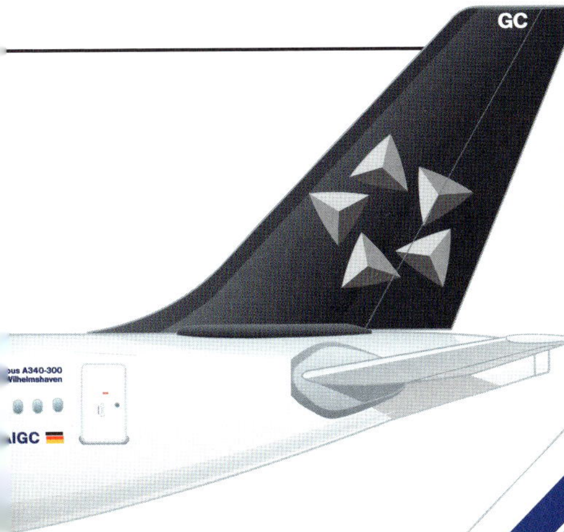

Airbus A340-211. *Die Baunummer 27 wurde am 2.12.1993 mit der Kennung D-AIGC als erste A340-300 an Lufthansa ausgeliefert. Die „Wilhelmshaven“ getaufte Maschine erhielt Ende 2003 die weiß-schwarzen Nicht-Farben der Star Alliance und ist gegenwärtig das einzige Mitglied der Langstreckenflotte, das diese wenig spektakuläre Bemalung trägt. Die A340-Flotte der LH, die größte weltweit, umfasste Ende 2011 u.a. 26 zwischen 1993 und 2001 gebaute Flugzeuge der -300er-Serie.*

Airbus A340-211. *Die F-GNIA, der 10te A340, hatte eine sehr kurze Karriere. Bereits sieben Monate nach der Auslieferung am 13.5.1993 brannte die eigentlich der belgischen Sabena gehörende Maschine am 20.1.1994 nach einem A-Check auf dem Flughafen Paris-Charles de Gaulle aus. Niemand kam bei diesem wohl durch Schlamperei entstandenen Feuer zu Schaden. In Paris sind im Laufe der Zeit mehrere Verkehrsflugzeuge unterschiedlichster Typen bei der Wartung oder Reinigung abgebrannt. Air France hatte insgesamt sechs A340-200, die fünf anderen Maschinen wurden bereits nach wenigen Jahren verkauft.*

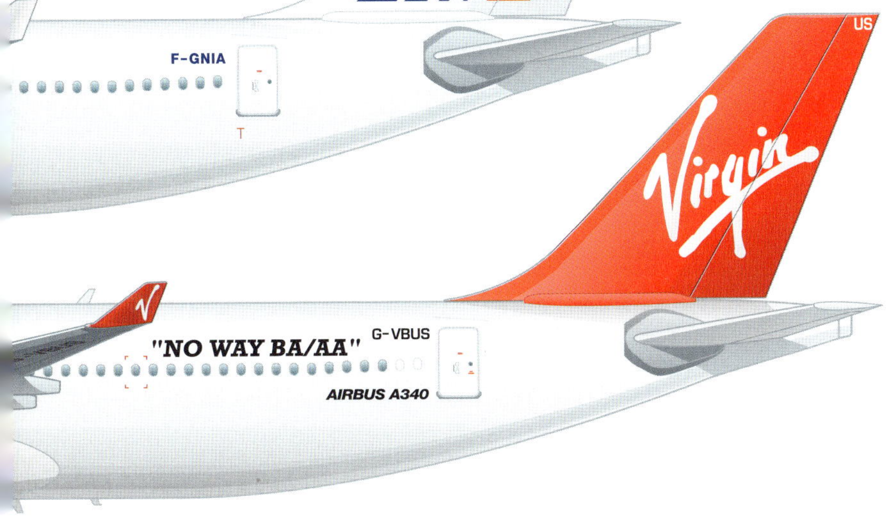

Airbus A340-311. *Virgin Atlantic war die dritte Airline, die die A340 in Dienst stellen konnte. Die „Lady in Red“ war die 13. Maschine der Baureihe und wurde am 26.11.1993 mit der Kennung G-VBUS zugelassen. Die hier gezeigte Bemalung trug sie bis ins Jahr 2000, den Union Jack in der Hand der Flying Lady am Bug seit 1997. 2005 an Virgin Nigeria weitergegeben, wurde die Maschine 2007 an Air Comet verleast. Als die kleine spanische Airline Ende 2009 ihren Dienst einstellen musste, wurde die inzwischen EC-KCF registrierte A340 abgestellt und seither nicht mehr verwendet.*

Airbus A340-312. *Auch AirLanka gehörte zu den ersten Kunden für die A340. Die 1999 in SriLankan Airlines umbenannte Fluggesellschaft erhielt 1994/95 die aufeinanderfolgenden Baunummern 32, 33 und 34, wobei letztere, die 4R-ADC, links in der Originalbemalung dargestellt ist. 1999 kam Baunummer 36 als Gebrauchtflugzeug hinzu, eine ehemalige Gulf Air-Maschine. Lange konnte sich die Airline aber nicht an dem Neuerwerb erfreuen, denn am 24.7.2001 wurde sie durch Granaten zerstört, als Terroristen den Flughafen von Colombo angriffen. Neben der A340 wurden zwei A330 und eine A320 zerstört (s. S. 128/129). Nachdem 2003 zwei ehemalige AOM-Maschinen und 2011 eine vorher von Cathay Pacific eingesetzte hinzukamen (alle drei vom Baujahr 2000) betreibt die Airline heute insgesamt sechs A340.*

A340 im Liniendienst

Das Who-is-Who internationaler Airlines trug sich während der 90er Jahre in das A340-Auftragsbuch ein. Nur US-amerikanische Airlines hielten sich zurück, auch wenn Continental und US Airways kurz vor einer Order standen.

Airbus A340-313E. *Einer der frühesten Betreiber der A340, Gulf Air, beschaffte 2003 zusätzlich zu den 1994/95 neu erstandenen Maschinen mehrere Flugzeuge, die ehemals zu Singapore Airlines´ Flotte gehört hatten. Dazu zählt auch die 1998 produzierte Baunummer 212, A4O-LG, bei Singapore Airlines 9V-SJL, die am 1.1.2008 in A9C-LG umregistriert wurde. Im Zuge der Konzentrierung der Airline auf regionale Routen wurde die in ihrem Gold, Blau und Weiß sehr attraktiv aussehende Maschine im Juni 2011 ausgemustert und in die Farben der griechischen Hellenic Imperial umlackiert, aber nicht übernommen.*

Airbus A340-313. *Iberia ist einer der größten Betreiber der A340. Die am 6.9.1996 mit der Baunummer 145 abgelieferte EC-GJT war eine der ersten Maschinen dieses Typs. Das „Rosa Chacel" getaufte Flugzeug trug zu Weihnachten 1998 große Saisonaufkleber.*

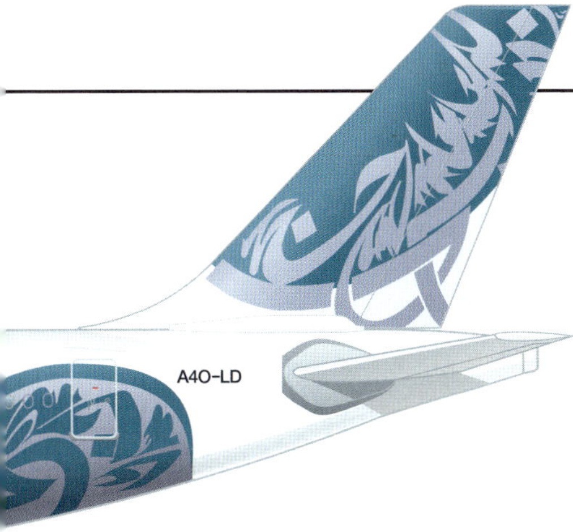

Airbus A340-312. *Baunummer 97, Gulf Air´s am 30.6.1995 ausgelieferte A4O-LD, trug von Mitte 2000 bis 2005 diese sehr attraktive Sonderbemalung in arabischer Kalligraphie. Anlass war der 50. Geburtstag der Airline. Die Maschine erhielt 2007 das bahrainische Kennzeichen A9C-LD und wurde im Zuge der Aufgabe internationaler Routen im Juni 2010 vorzeitig abgestellt.*

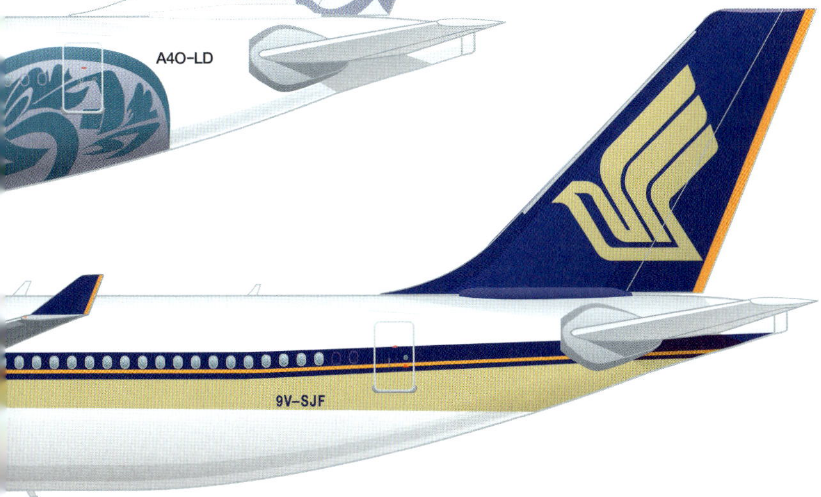

Airbus A340-313E. *Keine Airline ist so sehr wie Singapore Airlines bekannt dafür, neuestes Fluggerät zu beschaffen und bereits nach kurzer Zeit wieder abzustoßen. Das trifft auch auf die A340 zu. In einem aufsehenerregenden Deal gelang es Boeing die Airline dazu zu bringen, im Gegenzug zu einer Großbestellung des Konkurrenzmusters 777 auf die A340 zu verzichten, genauer, auf die Version A340-300. Die 9V-SJF, Baunummer 117, war am 26.12.1996 ausgeliefert worden. Nach dem Verkauf an Boeing 2002 ging sie durch verschiedene Hände, zur Zeit fliegt sie mit der Kennung CS-TQM für die portugiesische HiFly.*

Airbus A340-313E. *Cathay Pacific´s VR-HXA, Baunummer 136, kam am 27.6.1996 als erste A340-300 zu einer Flotte, zu der bereits vier Maschinen der -200er Serie gehörten. Während diese vier Flugzeuge bereits wenige Jahre später verkauft wurden, fliegen die meisten A340-300 nach wie vor für CX, so auch die seit 1997 B-HXA registrierte Maschine.*

A340 im Liniendienst

Airbus A340-212. *Royal Jordanian kaufte in den Jahren 2002/2003 vier ehemaligen Air France-Maschinen, von denen zwei anfangs französische Kennungen erhielten. So auch die F-OHLQ, die ab 25.6.1993 als F-GNIC für Air France geflogen war. Sie wurde vor der Übernahme durch Royal Jordanian von einer A340-211 zur Version A340-212 modifiziert und erhielt den Namen „Queen Rania Alabdulah“. Im Frühjahr 2006 wurde die Bemalung modifiziert und die Maschine in „Princess Salma Bint Abdullah“ umbenannt, im Jahr darauf erhielt sie die jordanische Registrierung JY-AID. Es ist geplant, Mitte des Jahrzehnts die dann über 20 Jahre alten A340 durch neue Boeing 787 abzulösen.*

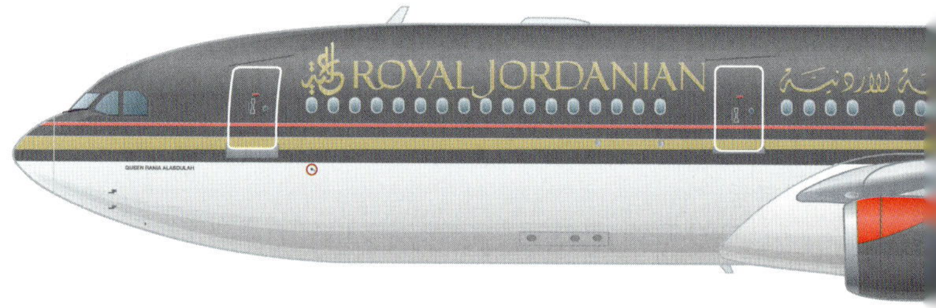

Airbus A340-313E. *Air Mauritius gehört zum Kreis der ersten A340-Kunden und besitzt z. Z. sechs A340-300. Zwei frühe A340 wurden inzwischen verkauft und durch neuere ersetzt. Die auf den Namen „Le Chamarel“ getaufte Baunummer 800 mit der Kennung 3B-NBJ ist das jüngste Flottenmitglied und wurde am 15.12.2006 abgeliefert. Bis 2011 trug sie die hier zu sehende Originalbemalung.*

Airbus A340-313E. *Baunummer 359 wurde am 25.9.2000 als erste von vier A340 an LanChile überstellt. Anfang 2004 wurde die Fluggesellschaft in LAN Airlines umbenannt, etwa ein halbes Jahr später bekam die CC-CQA die entsprechende neue Bemalung.*

F-OHLQ
AIRBUS A340-200
3B-NBJ
LAN
AIRBUS A340-300
CC-CQA
CC-CQA

Airbus A330-300, A330-200 (ab 1993)

Die A330-Reihe startete mit nur einem Modell, der A330-300, die von der Größe her mit der kurz vorher debütierenden A340-300 identisch ist. Erst 1996 kam die kleinere -200er-Version hinzu, die sich neben dem kürzeren Rumpf durch ein höheres Leitwerk auszeichnet. Im ersten Jahrzehnt der Produktion wurden nur unwesentlich mehr Zweistrahler ausgeliefert als von der vom Einsatzprofil her eingeschränkteren viermotorigen A340. Aber während ab 2005 die Verkäufe der A340 vor allem auf Grund der starken Konkurrenz seitens Boeing drastisch einbrachen, schwang sich die „kleine" Schwester etwas überraschend zu immer größeren Höhen auf. Kaum jemand hätte in den 90ern geahnt, dass die vermutlich letzte A340 2010 vom Band laufen würde, ein Ende der Laufbahn der A330 aber selbst im Angesicht der bald debütierenden (etwas größeren und deutlich teureren) A350 nicht abzusehen ist.
Wie alle Airbus-Großraumflugzeuge wird die A330 in Toulouse hergestellt.

Qatar's A330 werden von General Electrics angetrieben.

Tür 3 gibt es in zwei Varianten: als vollwertige Tür wie hier bei der Qatar-A330-300, sowie als reinen Notausgang mit etwa halber Größe wie im Beispiel der Northwest-Maschine.

Linke Seite und Frontansicht der A7-AEH von Qatar Airways, eine am 18.10.2006 ausgelieferte A330-302 mit der Baunummer 789.

Die äußeren Flügel der A330 sind etwas leichter konstruiert als die der A340.

Ab Baunummer 555 wurde bei der A330-200 eine wichtige Änderung umgesetzt: die Heckflosse wurde ähnlich der kurz zuvor debütierenden A340-600 verkürzt und erhielt ein tieferes Seitenruder. Anlass zur Konfusion: fünf Maschinen der Air France wurden noch danach mit der „alten" Heckflosse gebaut.

Drei Frachttüren auf der rechten Seite des Unterdecks, eine vor und zwei hinter dem Flügel, sind Standard bei großen Verkehrsflugzeugen. Die A330 ist hier natürlich identisch mit der A340.

Um die beiden Ausführungen der Heckflosse bei der A330-200 und außerdem die sich optisch sehr von den US-Konkurrenzangeboten unterscheidenden Rolls-Royce-Triebwerke zu zeigen, ist hier die A330-243 G-EOMA der britischen Monarch Airlines abgebildet, die als 265. Maschine der Baureihe am 26.4.1999 ausgeliefert und 2010 kurzzeitig an Garuda verleast wurde.

Bis Sommer 2011 wurden 1155 A330 geordert, von denen über 800 ausgeliefert worden waren, aufgeteilt in etwa 430 A330-200, 370 A330-300 und zehn 330-200 Frachter. Größter Kunde ist die Leasinggesellschaft ILFC mit fast 68 A330, größter Airline-Kunde Cathay Pacific Airways mit 34 Maschinen.

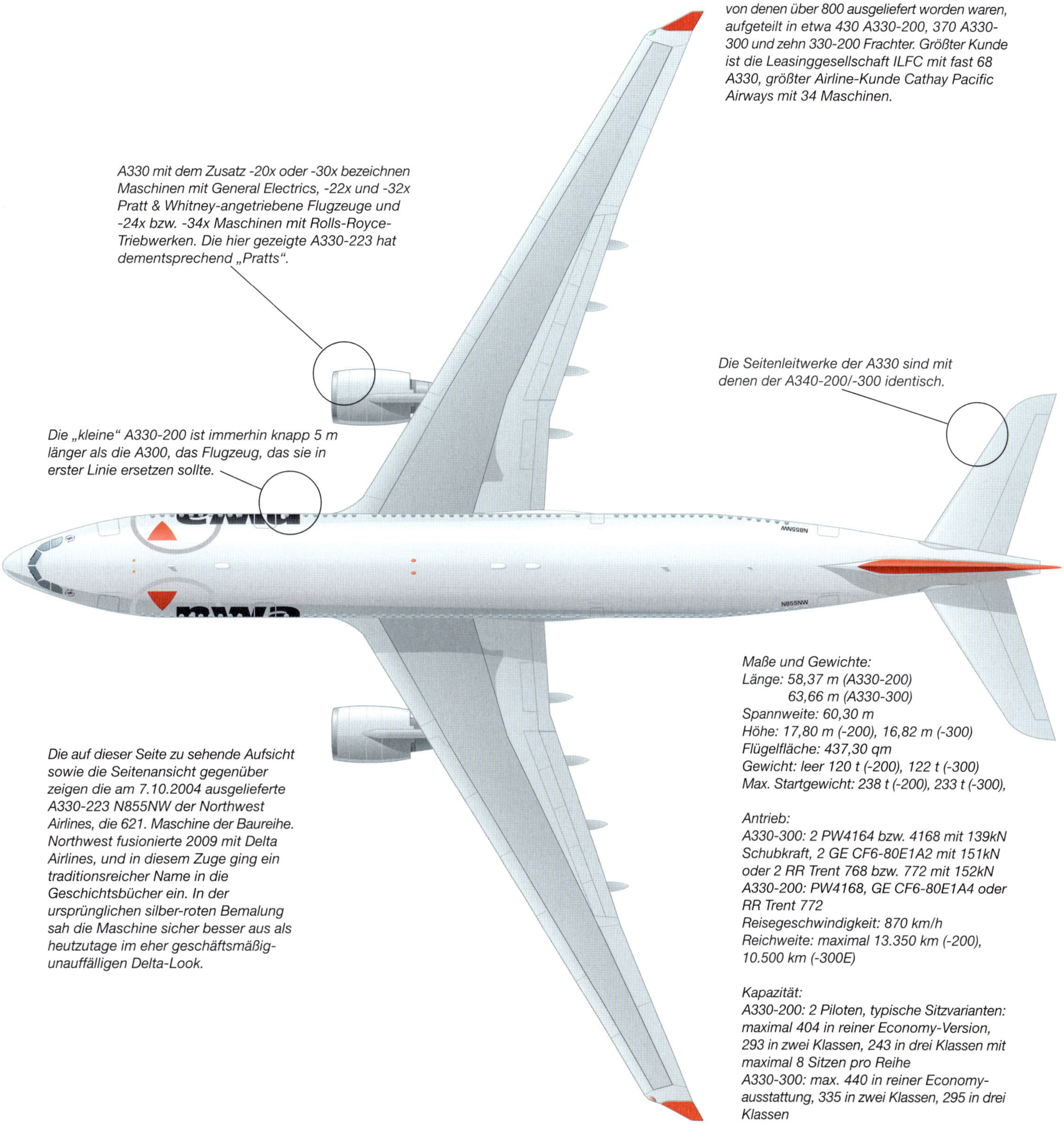

A330 mit dem Zusatz -20x oder -30x bezeichnen Maschinen mit General Electrics, -22x und -32x Pratt & Whitney-angetriebene Flugzeuge und -24x bzw. -34x Maschinen mit Rolls-Royce-Triebwerken. Die hier gezeigte A330-223 hat dementsprechend „Pratts“.

Die Seitenleitwerke der A330 sind mit denen der A340-200/-300 identisch.

Die „kleine“ A330-200 ist immerhin knapp 5 m länger als die A300, das Flugzeug, das sie in erster Linie ersetzen sollte.

Die auf dieser Seite zu sehende Aufsicht sowie die Seitenansicht gegenüber zeigen die am 7.10.2004 ausgelieferte A330-223 N855NW der Northwest Airlines, die 621. Maschine der Baureihe. Northwest fusionierte 2009 mit Delta Airlines, und in diesem Zuge ging ein traditionsreicher Name in die Geschichtsbücher ein. In der ursprünglichen silber-roten Bemalung sah die Maschine sicher besser aus als heutzutage im eher geschäftsmäßig-unauffälligen Delta-Look.

Maße und Gewichte:
Länge: 58,37 m (A330-200)
63,66 m (A330-300)
Spannweite: 60,30 m
Höhe: 17,80 m (-200), 16,82 m (-300)
Flügelfläche: 437,30 qm
Gewicht: leer 120 t (-200), 122 t (-300)
Max. Startgewicht: 238 t (-200), 233 t (-300),

Antrieb:
A330-300: 2 PW4164 bzw. 4168 mit 139kN Schubkraft, 2 GE CF6-80E1A2 mit 151kN oder 2 RR Trent 768 bzw. 772 mit 152kN
A330-200: PW4168, GE CF6-80E1A4 oder RR Trent 772
Reisegeschwindigkeit: 870 km/h
Reichweite: maximal 13.350 km (-200), 10.500 km (-300E)

Kapazität:
A330-200: 2 Piloten, typische Sitzvarianten: maximal 404 in reiner Economy-Version, 293 in zwei Klassen, 243 in drei Klassen mit maximal 8 Sitzen pro Reihe
A330-300: max. 440 in reiner Economy-ausstattung, 335 in zwei Klassen, 295 in drei Klassen

A330 - der Beginn einer Erfolgsgeschichte

Kurz nach der A340 wurden auch schon die ersten A330 ausgeliefert. Anders als bei der A340 gab es aber anfangs nur eine Ausführung, die in den Abmessungen genau denen der A340-300 entsprach, dafür aber mit drei Triebwerkstypen angeboten wurde. Die A330-300 der ersten Baujahre waren nur bedingt auf Langstrecken einsetzbar und wurden mehrheitlich im Regionalluftverkehr eingesetzt, quasi als großer Bruder der A300.

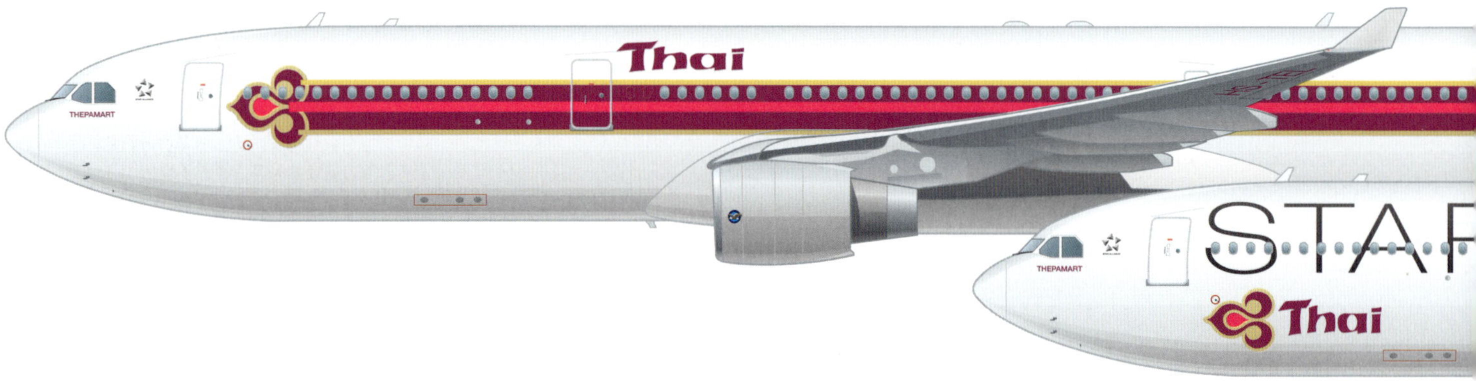

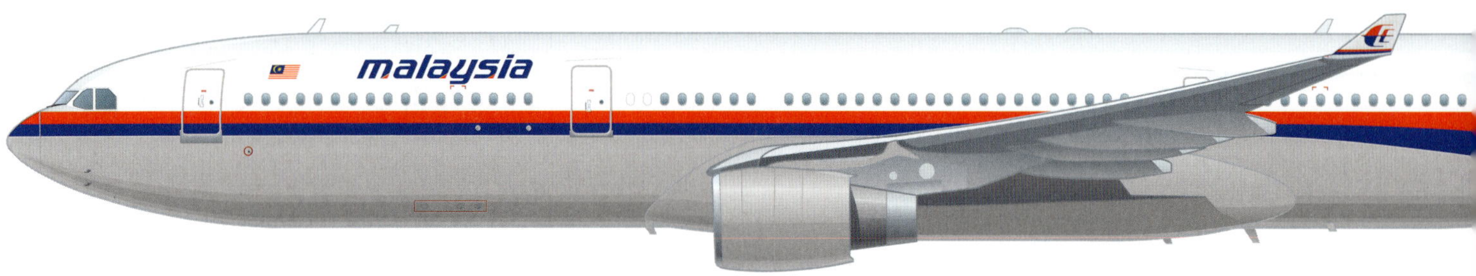

Airbus A330-301. *Auch Aer Lingus gehörte zu den allerersten Betreibern der A330. Der Typ löste bei den Iren ab 1994 die drei alten 747-100 ab. Die „St. Flannan“ hat die Baunummer 54, erhielt die Kennung EI-SHN und war die erste A330 der Flotte. Sie wurde 2004 an den Besitzer zurückgegeben. 2004/05 flog sie für Air Algerie, dann ein Jahr für Air Madrid, bevor sie mit der Kennung 9M-XAA an Fly Asian Express verleast wurde.*

Airbus A330-301. *Air Inter erhielt die A330 als erste Airline ausgeliefert. Die F-GMDA mit der Baunummer 30 war die erste Maschine dieses Typs mit General Electric-Antrieben und wurde erst am 18.3.1994, ein knappes Jahr nach dem Erstflug und nach Beendigung der Zertifizierungsphase, ausgeliefert. Air Inter gehörte zu diesem Zeitpunkt bereits zu Air France, und ihre drei A330 wurden alsbald veräußert. Die F-GMDA kam 1997 mit der Kennung OO-SFM zu Sabena. Nach deren Pleite 2001 blieb sie in Belgien und wurde seit 2002 von SN Brussels Airlines eingesetzt, die heute als Brussels Airlines zum Lufthansa-Konzern gehört.*

Airbus A330-322. *Thai Airways war einer der ersten Kunden für die A330. Die „Thepamart“ gehört aber nicht zu den frühesten Maschinen dieses Typs, die nach Bangkok ausgeliefert wurden. Die HS-TEL lief Mitte 1998 als 231. Maschine vom Band und erhielt im Oktober 2003 die unspektakuläre „Star Alliance“-Bemalung.*

Airbus A330-322. *Die 9M-MKB der Malaysia Airlines war die 68. Maschine der Baureihe und wurde am 23.2.1995 nach Kuala Lumpur überstellt. Ihre Karriere war kurz und währte gerademal fünf Jahre. Sie wurde am 15.3.2000 auf einem Flug von Beijing durch auslaufende hochgiftige Chemikalien im Frachtabteil irreparabel beschädigt und musste verschrottet werden.*

Die A330-300 als beliebtes Mittelstreckenflugzeug

Kurz nach der A340 wurden auch schon die ersten A330 ausgeliefert. Die A330-300 der ersten Baujahre waren nur bedingt auf Langstrecken einsetzbar und wurden bzw. werden mehrheitlich im Kontinentalluftverkehr eingesetzt.

Airbus A330-342. *Auch Cathay´s Ortsnachbar Dragonair setzte früh auf die A330, 1995 wurde ihre erste Maschine ausgeliefert. Die B-HLB ist jedoch ein ehemaliger, 1995 gebauter Cathay Pacific-Airbus mit der Baunummer 83, der erst im Frühjahr 2011 zur Flotte stieß und deren Triebwerke noch die Farbe des vorherigen Betreibers tragen.*

Airbus A330-341. *Garuda Indonesia erhielt am 16.12.1996 mit der Baunummer 138 und der Kennung PK-GPA ihre erste A330. Innerhalb eines Jahres wurden sechs Maschinen der -300er-Serie nach Jakarta geliefert, die hauptsächlich im innerasiatischen Kontinentalverkehr Dienst tun. Die PK-GPA erhielt 2010 eine neugestaltete Bemalung.*

Airbus A330-301. *Baunummer 183 war die erste A330 der Philippine Airlines und wurde am 30.7.1997 ausgeliefert. Bis 2008 trug die Maschine die Kennung F-OHZM, bevor sie mit RP-C3330 eine philippinische Registrierung erhielt.*

Airbus A330-301. *Qantas beschaffte Anfang des neuen Jahrtausends eine nennenswerte Zahl von A330, darunter zehn A330-300 mit General Electric-Antrieben. Qantas erste A330 war die auf den Namen „Kununurra" getaufte VH-QPA, die am 26.11.2003 als 553. A330/340 ausgeliefert wurde. Die A330 waren sowohl zur Flottenexpansion wie auch zum Ersatz für die alternden Boeing 767-200 gedacht.*

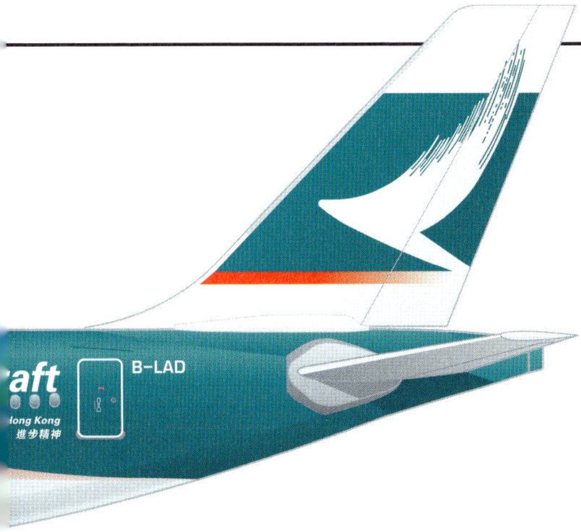

Airbus A330-343X. *Cathay Pacific war einer der ersten Betreiber der A330 gewesen. Mit den Baunummern 12 und 17 gingen sogar die beiden von Rolls-Royce Trents angetriebenen Prototypen nach der Testphase an die Airline aus Hongkong, die 1993 auf ihren ersten A340 und A330 die immer noch aktuelle Bemalung einführte. Die hier gezeigte B-LAD mit der Baunummer 776 ist jedoch ein späteres Flugzeug der leistungsstärkeren „X"-Version. Sie wurde am 30.8.2006 in Sonderbemalung als 100. Flottenmitglied ausgeliefert. Die A330-300 scheint für Cathay Pacific ein ideales Flugzeug zu sein, denn 2011 orderte sie 15 weitere Maschinen, um die ältesten, bald 20 Jahre alten A330 durch gleichartige, aber leistungsstärkere Exemplare auszutauschen.*

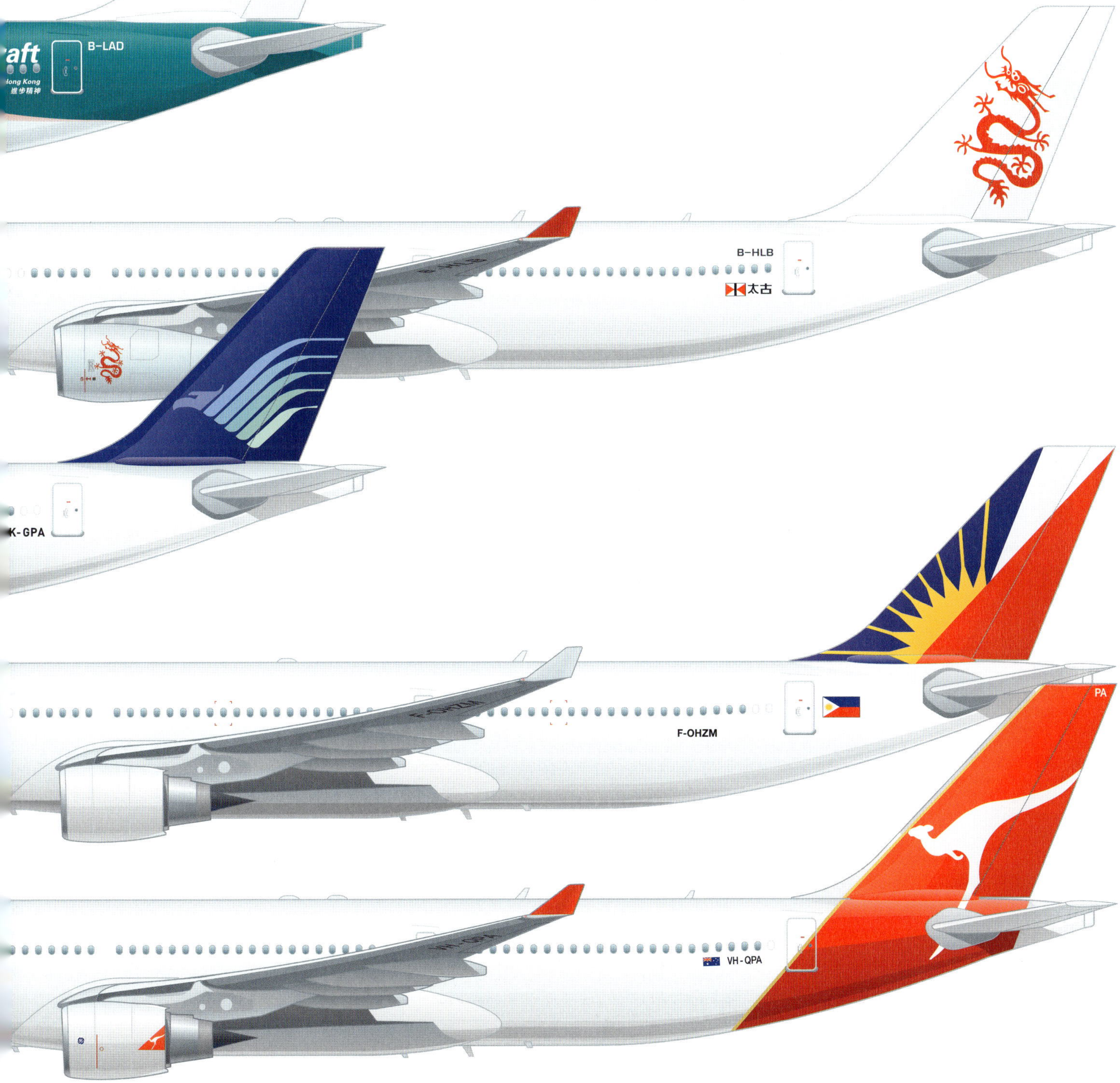

A330-200, Zweistrahler für die Langstrecke

1996 endlich brachte Airbus auch die A330 mit dem verkürzten Rumpf der A340-200 auf den Markt. Anders als der vierstrahlige „Bruder" wurde die kurze A330 aber zu einem langanhaltenden Erfolg, der auch noch nach 2011 unvermindert anhält. Wie die A330-300 ist auch diese Version mit drei Triebwerkstypen erhältlich.

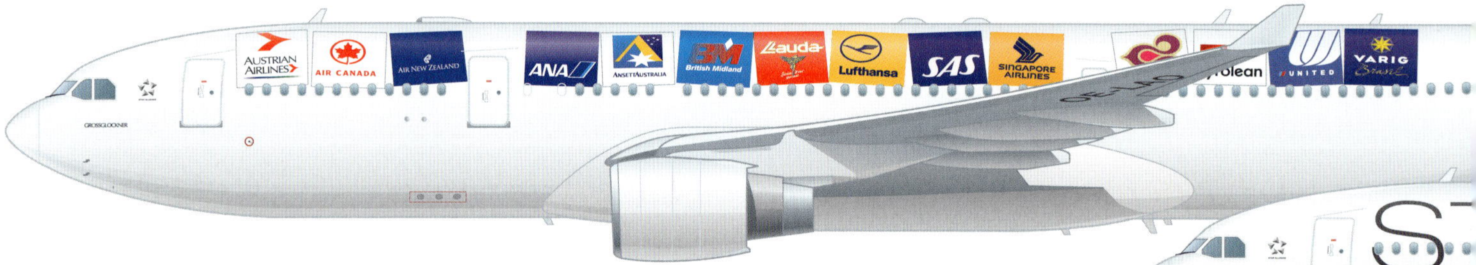

Airbus A330-223. *Die Maschine mit der Baunummer 181 war ursprünglich der A330-202-Prototyp und wurde von General Electrics angetrieben. Nach der Testphase wurde die Maschine mit Pratt & Whitney-Triebwerken umgerüstet und im Januar 2000 als OE-LAO an Austrian Airlines ausgeliefert. Bis 2002 flog der „Großglockner" getaufte Airbus in den alten Star Alliance-Farben, danach in einer nicht standardmäßigen Variation des aktuellen Allianz-Looks. 2006 wurde die Maschine nach der Fusion mit Lauda Air an TAP Air Portugal verkauft und fliegt seither mit der Kennung CS-TOH.*

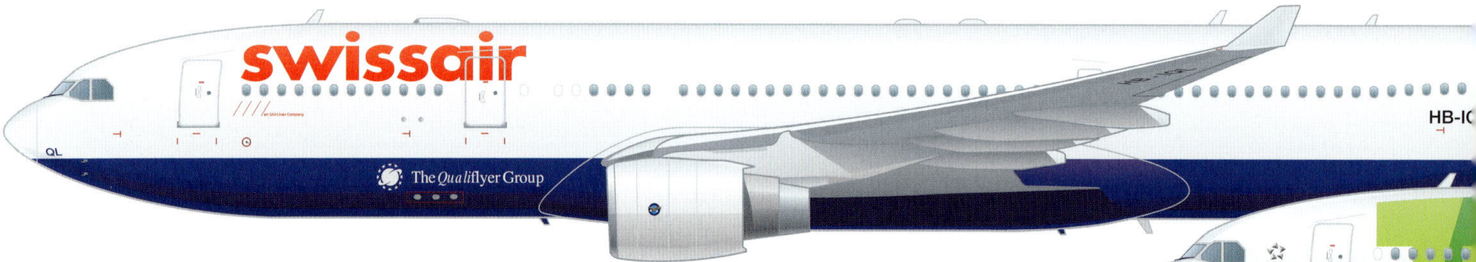

Airbus A330-223. *Swissair war mit 16 Maschinen anfangs der größte Betreiber der kurzen A330. Die HB-IQL war eine der letzten Maschinen, die vor dem Bankrott der Traditionsairline Anfang 2002 an die Schweizer überstellt wurden. Nach der Auslieferung Ende 1999 flog sie bis Dezember 2000 für Novair und kam erst danach zu Swissair, wo sie die nur auf wenigen Flugzeugen zu sehende Qualiflyer-Airlineverbundbemalung erhielt. Sie wurde nur kurz von der Nachfolge-Airline Swiss eingesetzt und kam 2006 nach Zwischenspielen bei Lufthansa und Blue Wings zu TAP Air Portugal, wo die Baunummer 305 das Kennzeichen CS-TOE und den Namen „Pedro Alvares Cabral" bekam. Bis September 2011 stellte Swiss International alle A330-200 außer Dienst und ersetzte sie durch die größere A330-300.*

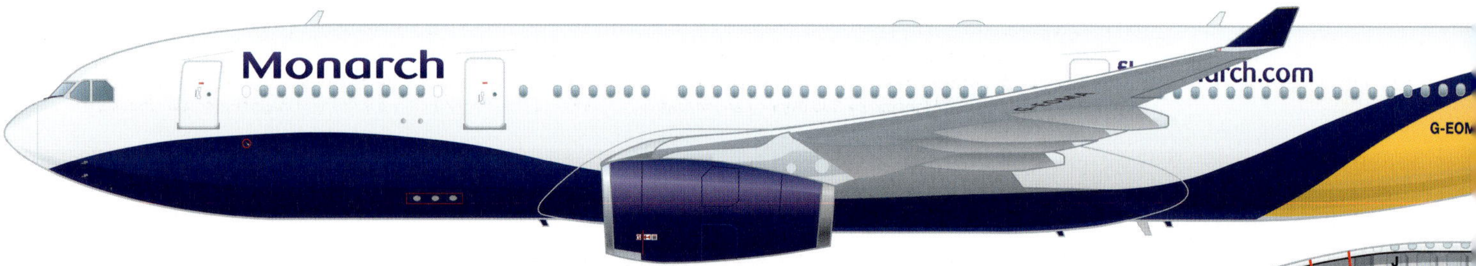

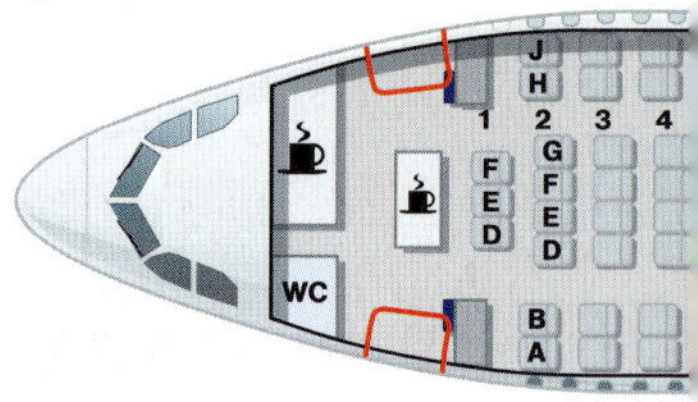

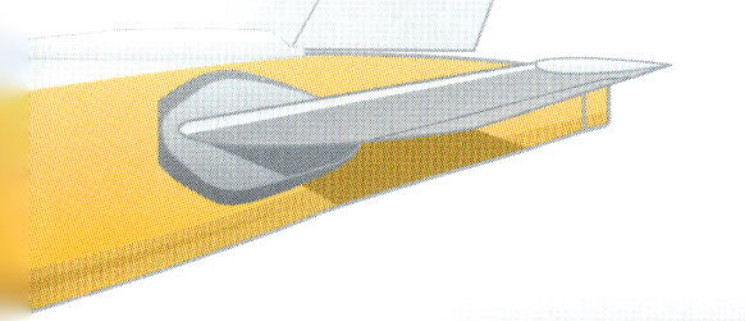

Airbus A330-243. *Die britische Chartergesellschaft Monarch Airlines erhielt 1999 zwei A330-200 als größten Flottentyp. Die G-EOMA wurde als 265. Maschine der Baureihe hergestellt und war am 26.4.1999 ausgeliefert worden. Hier ist sie in der aktuellen Bemalung dargestellt, die sie seit November 2005 trägt. Unten ist der Sitzplan dieser mit 358 Sitzen sehr eng bestuhlten Urlauber-Maschine zu sehen. Monarch´s A330 fliegen Langstrecke in die Karibik, werden aber auch auf mittleren Urlauberstrecken eingesetzt.*

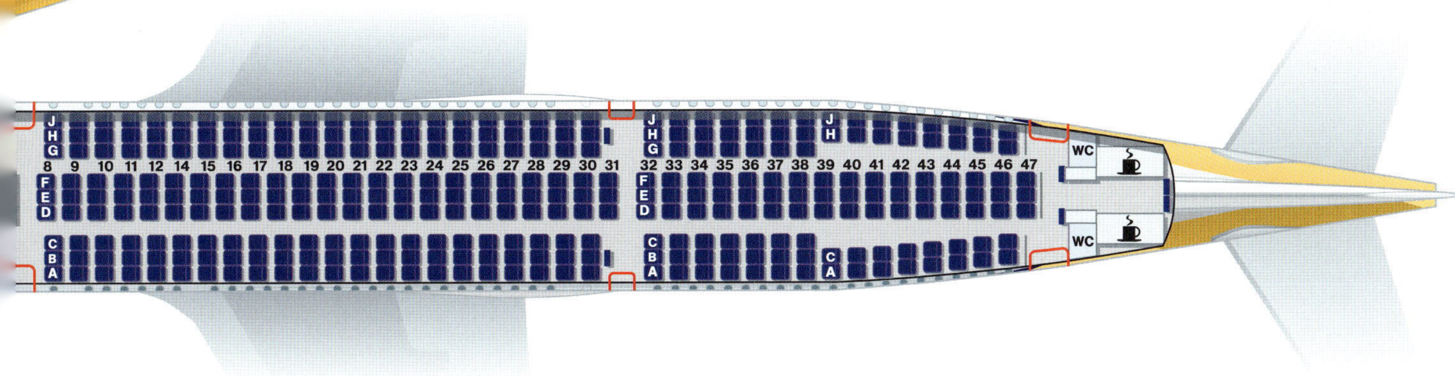

Schönheiten in roter Robe

Rot steht der A330 ausnehmend gut, und so sind auf diesen Seiten ein paar Maschinen nach einem etwas ungewöhnlichen Kriterium zusammengestellt. Rote Flugzeuge fallen auf jedem Flughafen auf, sie bringen sozusagen etwas Feuer unter die oft blau-weiße Monotonie auf den Airports der Welt.

Airbus A330-243. *Die aktuelle Bemalung der kolumbianischen Avianca, einer der ältesten Airlines der Welt, gehört zu den attraktivsten Flugzeuglackierungen überhaupt. Es gibt wohl kaum besser ausehende A330 als die roten Vögel aus Bogota. Avianca least das Gros ihrer Flotte und so tragen die meisten Flugzeuge das Länderkennzeichen des Leasinggebers. Die N948AC war die erste A330 der Airline und wurde im September 2008 als 948. Maschine der Baureihe ausgeliefert. Die A330 lösen die alten, seit Anfang der 90er Jahre eingesetzten Boeing 767 ab. Im Vergleich zur Air Greenland-Maschine kann man eine wichtige Änderung erkennen, die Anfang 2003 mit der Baunummer 555 einzog: ab dieser (an Eva Air gegangenen) Maschine haben fast alle A330 der -200er Serie ein kürzeres Leitwerk mit tieferem Seitenruder.*

__Airbus A330-223.__ Der 444. Airbus der A330/340-Reihe wurde am 31.2.2002 an die Düsseldorfer LTU überstellt. Bis Mai 2007 flog die D-ALPC in der altbekannten Lackierung mit der roten Rumpfoberseite und erhielt dann als eine der ersten Maschinen die neuen Bemalung. Wenig später fusionierte die Airline mit Air Berlin, die postwendend den neuen LTU-Look zu ihrem eigenen machten und etwa ein Jahr später mit entsprechenden Titeln und neuem Markenlogo versahen.

__Airbus A330-223.__ Die Baunummer 911 kam am 31.3.2008 mit der Kennung D-ALPC zu LTU. Sie wurde in einer Basisbemalung ohne Logos und Titel ausgeliefert. Einen Monat später kam sie als erste A330 im vollen neuen Air Berlin-Look aus der Lackierhalle.

__Airbus A330-222.__ Rot ist die Farbe der Polarflieger und so nimmt es nicht Wunder, das die kleine Nationalairline Grönlands ihre Flugzeuge völlig rot lackieren lässt. Die einfache Bemalung sieht auf ihrem „Flaggschiff“, einer einzelnen A330, dennoch im wahrsten Sinne des Wortes hervorragend aus. Die im August 2002 gekaufte OY-GRN war die 230. A330/340 vom Band und flog vorher von 1998 bis 2001 für die eingegangene belgische Staatsairline Sabena.

Die A340-200/300 im neuen Jahrtausend

Anfang des Jahrtausends gingen die Bestellungen für die A340 langsam zurück. Zum einen stellte sich die 1995 auf den Markt gekommene (für die Passagiere aber nicht mehr bietende) Boeing 777-200ER vor allem aufgrund des steigenden Ölpreises für viele Airlines als langfristig günstigere Alternative heraus, zum anderen konnte die A330 in ihren neuesten Varianten ebenfalls viele Aufgaben übernehmen, für die man noch wenige Jahre vorher nur die A340 einsetzen konnte. Auch vor dem Hintergrund des angekündigten Nachfolgemusters A350 gingen nach 2005 fast keine Order für die -300 mehr ein. 2008 wurde die letzte Maschine des Typs ausgeliefert.

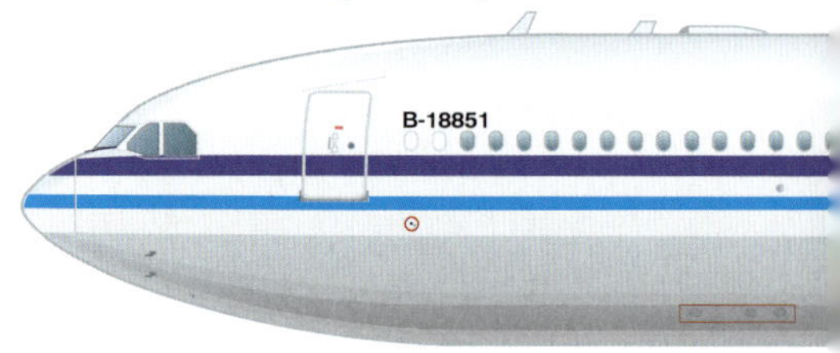

Airbus A340-313E. *Baunummer 528 war ursprünglich von Singapore Airlines geordert worden und lief im April 2003 als „whitetail" vom Band. Im Oktober desselben Jahres wurde die Maschine von China Airlines erworben. Seit März 2006 fliegt die B-18851 für deren Tochtergesellschaft Mandarin Airlines.*

Airbus A340-311. *Air Namibia experimentierte mit etlichen Langstreckenmustern, bevor man Ende 2005 zwei A340 leaste, mit denen man offensichtlich sehr zufrieden ist. Die V5-NME ist eine 1994 gebaute Maschine mit der Baunummer 51, die zwar an Sabena geliefert wurde, aber in den ersten drei Jahren mit der Kennung F-GNIE für Air France zum Einsatz kam.*

Airbus A340-313E. *Finnair war die letzte Fluggesellschaft, die neue A340-300 orderte. Die OH-LQC mit der Baunummer 844 wurde am 21.6.2007 ausgeliefert. Im Sommer 2008 trug sie „Moomins"-Cartoon-sticker. Finnair erhielt 2008 übrigens mit der OH-LQE auch die vorletzte gebaute A340-300.*

***Airbus A340-211.** Anfang des Jahrtausends entschied sich South African Airways für die A340 als Nachfolgemuster für ihre aus den frühen 70er Jahren stammenden Boeing 747-200. A340-300 und -600 wurden geordert, und gleichzeitig kaufte man die kleine, zehn Jahre alte A340-200 Flotte der Lufthansa. Die ZS-SLB war am 6.4.1993 mit der Kennung D-AIBC ausgeliefert worden und kam im Mai 2003 zu SAA.*

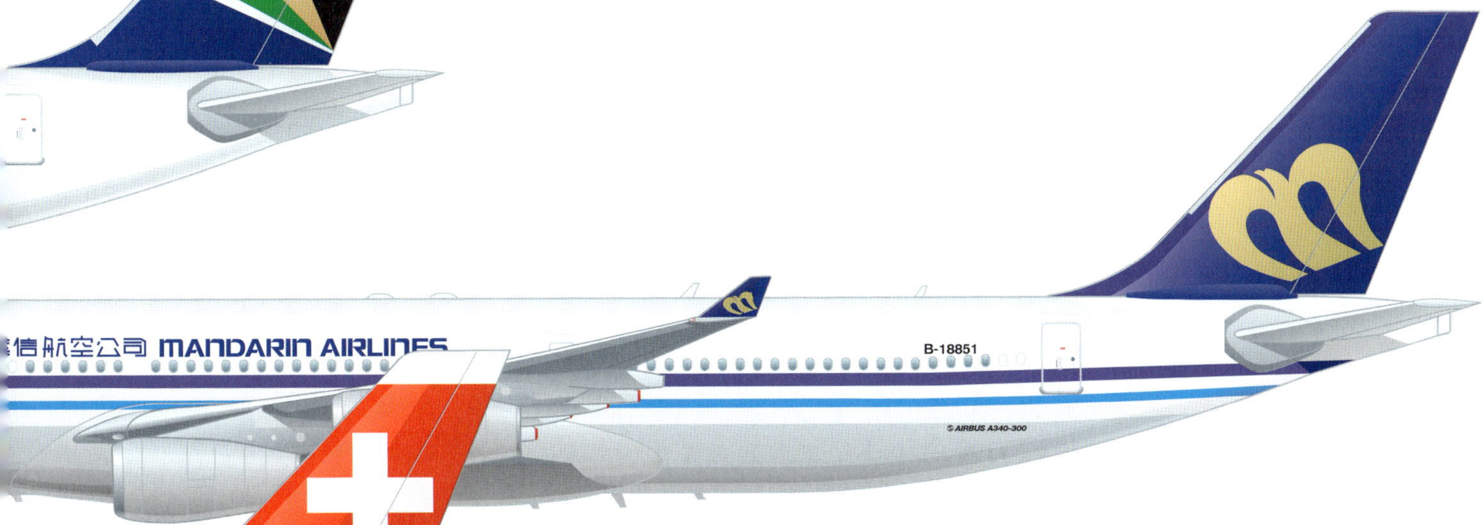

***Airbus A340-313E.** Swiss International entschied sich bereits kurz nach der Gründung 2002 die von der Swissair geerbten MD-11 durch A340 zu ersetzen. Die HB-JMG wurde am 22.12.2003 ausgeliefert und hat die Baunummer 556.*

A340 mit Seltenheitswert

Einige frühe A340 kamen als Gebrauchtflugzeuge bereits nach wenigen Jahren in die Hände kleiner, exotischer oder kurzlebiger Airlines. Das lag vor allem daran, dass die allerersten Varianten, insbesondere A340-200 und A340-311, schnell von effizienteren Weiterentwicklungen abgelöst wurden und manche Airlines sich von diesen frühen A340 recht schnell wieder trennten.

Airbus A340-311. *Die am 21.1.1994 an Virgin Atlantic ausgelieferte Maschine mit der Baunummer 16 flog zehn Jahre mit dem Kennzeichen G-VSKY, bevor sie am 23.1.2004 an die BWIA - British West Indian Airways verleast und in 9Y-JIL umregistriert wurde. Bereits Ende 2006 wurde die nur eine Teillackierung tragende Maschine außer Dienst gestellt. Da sich leider kein weiterer Interessent für dieses doch noch recht junge Flugzeug fand, wurde es schließlich im Juni 2009 als erste A340 verschrottet - interessanterweise zur gleichen Zeit wie die erste Boeing 777, Hauptkonkurrent der A340. Die Schwestermaschine 9Y-TJN, die übrigens die volle BWIA-Bemalung trug, fliegt heute bei Aerolineas Argentinas.*

Airbus A340-211. *Die 31. A340 war von Oktober 1993 bis 1998 mit der Kennung F-GLZD für Air France im Einsatz. Danach flog sie mit der Registrierung F-OITN bis Anfang 2003 für Air Tahiti Nui, darauf für die kurzlebige Air Bourbon und dann als EC-JGU für Air Europa. 2006 erhielt sie die Bemalung der venezolanischen Conviasa, ging aber erst im April 2007 mit der Kennung YV1004 in Dienst. Sie trägt den Namen des lateinamerikanischen Freiheitshelden „Simon Bolivar El Libertador“ und ist die einzige A340 der Airline.*

Airbus A340-313E. *Anfang des Jahrtausends zeichnete Singapore Airlines mit Boeing einen aufsehenerregenden Deal, in dem Boeing alle A340-300 der Airline aufkaufte, die im Gegenzug eine große Zahl von Boeing 777 bestellte. Eine dieser vorzeitig verkauften Airbusse war die 9V-SJF, die am 26.10.1996 als 117. Maschine der Baureihe ausgeliefert worden war. Im Juni 2002 wurde diese A340 von Boeing an die schnell wachsende, aber kurzlebige algerische Khalifa verleast und gemeinsam mit der Staatsairline Air Algerie betrieben. Bereits sieben Monate später ging Khalifa bankrott. 2011 gehört sie zur portugiesischen HiFly.*

Airbus A340-311. *Hier ist die 1993 gebaute, auf S.88/89 in ihrer ursprünglichen Bemalung zu sehende G-VBUS in der Bemalung der Virgin Nigeria dargestellt, für die sie von Mitte 2005 bis Anfang 2007 zusammen mit einer Schwestermaschine flog. Später war die Maschine noch für die spanische Air Comet im Einsatz, bevor sie bei deren Pleite Ende 2009 abgestellt wurde.*

Airbus A340-311. *Baunummer 15 wurde am 15.12.1993 mit der Kennung G-VAEL an Virgin Atlantic ausgeliefert. Von Januar 2007 an flog sie bis Mitte 2009 als EC-KAJ für die spanische Air Comet. Im wesentlichen behielt sie die auffällige Bemalung der Spanier, als sie Ende 2009 an die afghanische Safi Airways verleast wurde und die Kennung YA-TTB erhielt. In Diensten dieser kleinen privaten Gesellschaft flog die Maschine vor allem nach Frankfurt am Main. Im Februar 2011 wurde die einzige A340 der Flotte in Lourdes abgestellt, nachdem die EU ein Einflugverbot für Safi Airways erlassen hatte, wenige Monate später verkaufte man sie zum Ausschlachten in die USA.*

A340-300-Konfigurationen

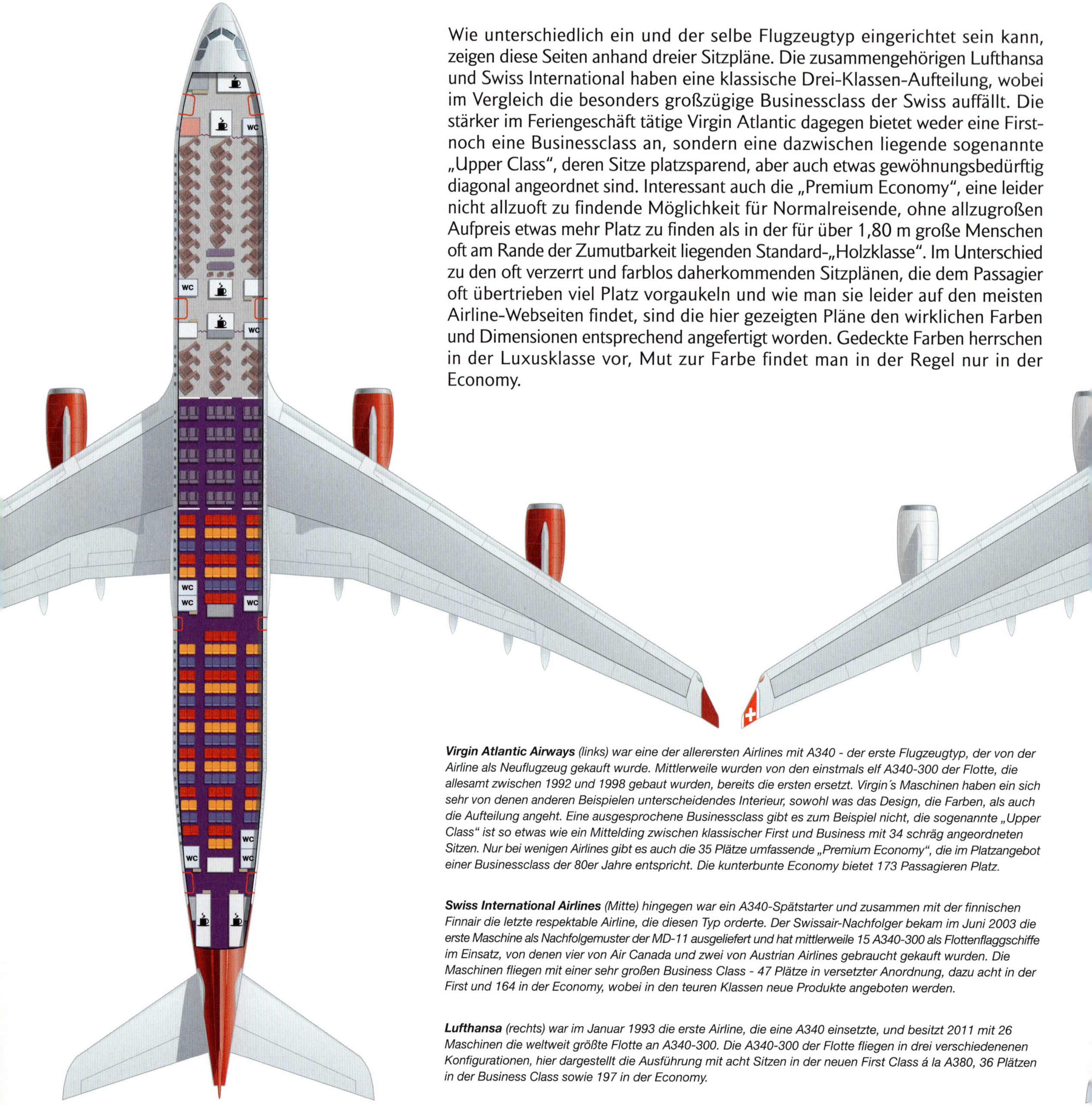

Wie unterschiedlich ein und der selbe Flugzeugtyp eingerichtet sein kann, zeigen diese Seiten anhand dreier Sitzpläne. Die zusammengehörigen Lufthansa und Swiss International haben eine klassische Drei-Klassen-Aufteilung, wobei im Vergleich die besonders großzügige Businessclass der Swiss auffällt. Die stärker im Feriengeschäft tätige Virgin Atlantic dagegen bietet weder eine First- noch eine Businessclass an, sondern eine dazwischen liegende sogenannte „Upper Class", deren Sitze platzsparend, aber auch etwas gewöhnungsbedürftig diagonal angeordnet sind. Interessant auch die „Premium Economy", eine leider nicht allzuoft zu findende Möglichkeit für Normalreisende, ohne allzugroßen Aufpreis etwas mehr Platz zu finden als in der für über 1,80 m große Menschen oft am Rande der Zumutbarkeit liegenden Standard-„Holzklasse". Im Unterschied zu den oft verzerrt und farblos daherkommenden Sitzplänen, die dem Passagier oft übertrieben viel Platz vorgaukeln und wie man sie leider auf den meisten Airline-Webseiten findet, sind die hier gezeigten Pläne den wirklichen Farben und Dimensionen entsprechend angefertigt worden. Gedeckte Farben herrschen in der Luxusklasse vor, Mut zur Farbe findet man in der Regel nur in der Economy.

__Virgin Atlantic Airways__ (links) war eine der allerersten Airlines mit A340 - der erste Flugzeugtyp, der von der Airline als Neuflugzeug gekauft wurde. Mittlerweile wurden von den einstmals elf A340-300 der Flotte, die allesamt zwischen 1992 und 1998 gebaut wurden, bereits die ersten ersetzt. Virgin´s Maschinen haben ein sich sehr von denen anderen Beispielen unterscheidendes Interieur, sowohl was das Design, die Farben, als auch die Aufteilung angeht. Eine ausgesprochene Businessclass gibt es zum Beispiel nicht, die sogenannte „Upper Class" ist so etwas wie ein Mittelding zwischen klassischer First und Business mit 34 schräg angeordneten Sitzen. Nur bei wenigen Airlines gibt es auch die 35 Plätze umfassende „Premium Economy", die im Platzangebot einer Businessclass der 80er Jahre entspricht. Die kunterbunte Economy bietet 173 Passagieren Platz.

__Swiss International Airlines__ (Mitte) hingegen war ein A340-Spätstarter und zusammen mit der finnischen Finnair die letzte respektable Airline, die diesen Typ orderte. Der Swissair-Nachfolger bekam im Juni 2003 die erste Maschine als Nachfolgemuster der MD-11 ausgeliefert und hat mittlerweile 15 A340-300 als Flottenflaggschiffe im Einsatz, von denen vier von Air Canada und zwei von Austrian Airlines gebraucht gekauft wurden. Die Maschinen fliegen mit einer sehr großen Business Class - 47 Plätze in versetzter Anordnung, dazu acht in der First und 164 in der Economy, wobei in den teuren Klassen neue Produkte angeboten werden.

__Lufthansa__ (rechts) war im Januar 1993 die erste Airline, die eine A340 einsetzte, und besitzt 2011 mit 26 Maschinen die weltweit größte Flotte an A340-300. Die A340-300 der Flotte fliegen in drei verschiedenenen Konfigurationen, hier dargestellt die Ausführung mit acht Sitzen in der neuen First Class á la A380, 36 Plätzen in der Business Class sowie 197 in der Economy.

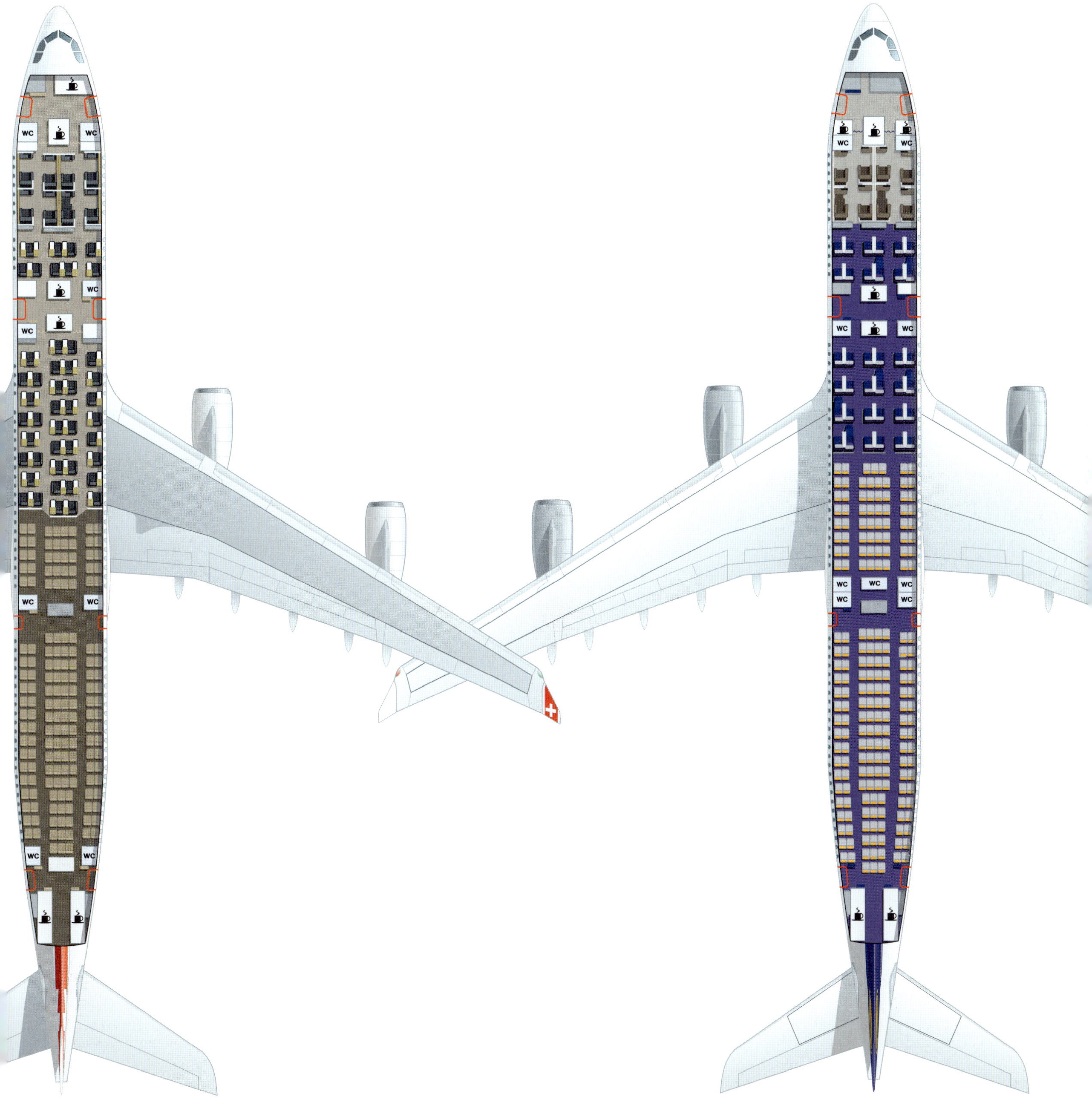
WC
WC
WC
WC
WC
WC
WC
WC
WC
WC
WC
WC
WC
WC
WC
WC
WC
WC

Die A340-200/300 als VIP- und Regierungsflugzeug

Flugzeuge mit vier Triebwerken können nach wie vor unbegrenzter fliegen als zweitmotorige. Und vier machen mehr Staat als zwei. Vielleicht ist das der Grund, warum die A340 im Bereich VIP- Maschinen die Konkurrenz, namentlich die Boeing 777, abgehängt hat. Brunei, Saudi Arabien, Qatar, Ägypten, Frankreich, Jordanien, Libyen und Deutschland schätzen die großen A340-200 oder -300 als Transportmittel für ihre Staatsoberhäupter oder wichtigsten Minister.

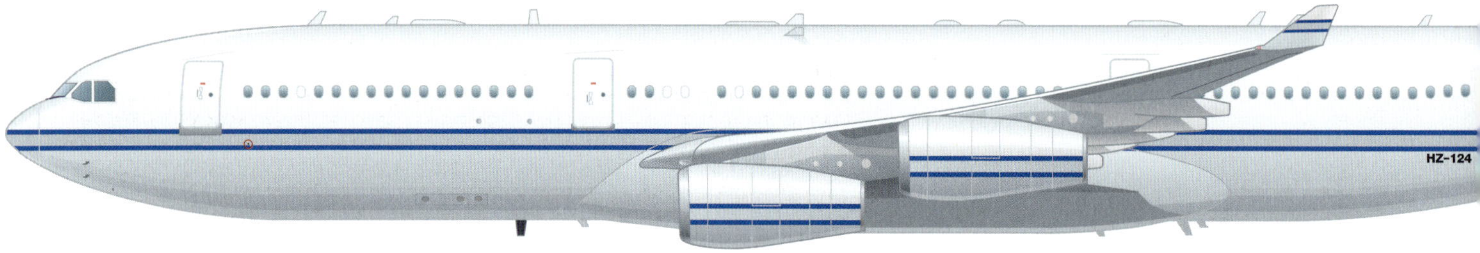

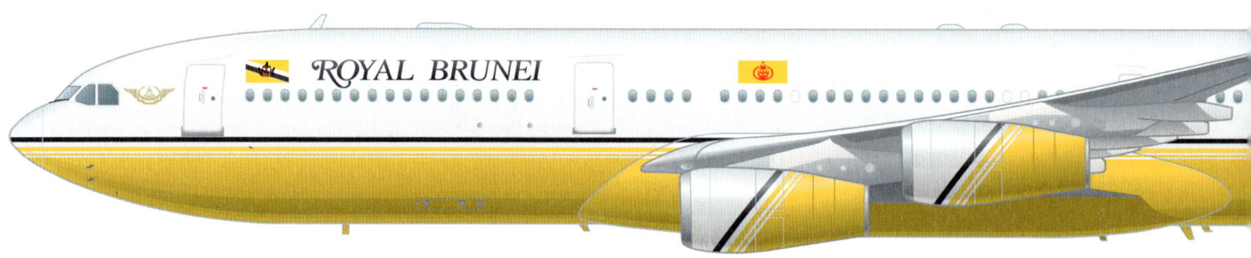

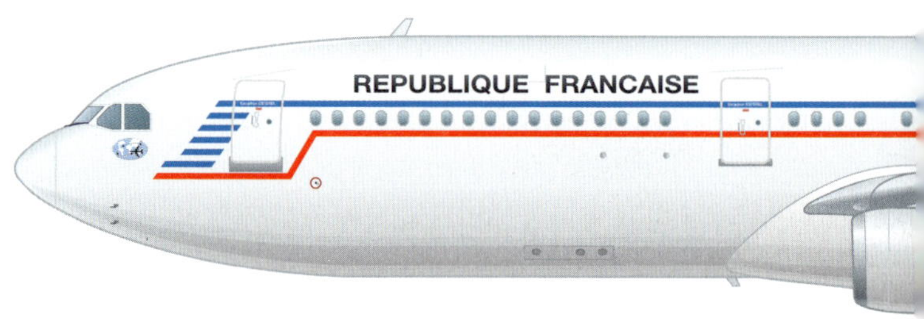

Airbus A340-212. *2006 kaufte die Regierung Frankreichs die beiden A340 der Austrian Airlines. Baunummer 75, die ehemalige OE-LAG, erhielt dabei die Kennung F-RAJA, Baunummer 81, vormals OE-LAH, wurde zu F-RAJB. 2010 wurden die beiden Maschinen durch eine etwas neuere A330-200 aus Swiss-Beständen ergänzt, die luxuriöser ausgestattet und moderner bemalt mittlerweile als erste Wahl Präsident Sarkozys gilt.*

Airbus A340-313E. *Die erste der beiden 2009 von der Luftwaffe erstandenen ehemaligen Lufthansa-A340 wurde nach dem Umbau im März 2011 auf den Namen des ersten Bundeskanzlers „Konrad Adenauer" getauft und erhielt das Kennzeichen 16+01. 1999 als Baunummer 274 hergestellt, trug sie bei der Lufthansa die Registrierung D-AIGR.*

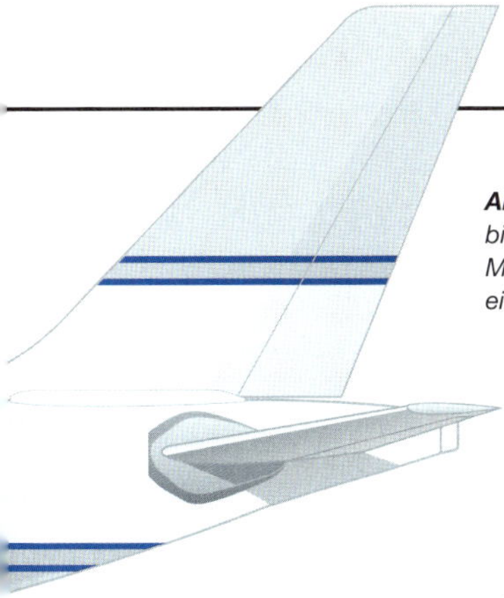

Airbus A340-213. *Baunummer 4 war der Prototyp der -200er-Reihe. Die F-WWBA hatte ihren Erstflug am 1.4.1992 und verblieb bis 1997 im Besitz von Airbus Industrie. Am 28.2.1997 wurde sie an die Regierung von Saudi Arabien verkauft, genauer an das Ministerium für Verteidigung und Luftfahrt, und bekam die Kennung HZ-124. Im Juni 2009 wurde das wie alle VIP-Maschinen wenig eingesetzte Flugzeug aus unbekannten Gründen abgestellt.*

Airbus A340-212. *Die Regierung Bruneis bestellte drei A340-200, von denen aber nur zwei abgenommen wurden (diese dritte Maschine war die einzige je gebaute A340-8000 bzw. A340-212X, eine leistungsgesteigerte Variante der A340-200, die erst im Sommer 2011 nach über zwölf Jahren Standzeit für Saudi Arabien in Dienst ging). Dazu kam noch die hier gezeigte V8-BKH, die ursprünglich für Bahrain vorgesehen war, aber direkt nach Fertigstellung von Lufthansa Technik für den Sultan von Brunei ausgestattet wurde und anfangs mit der Kennung V8-PJB flog. Diese Maschine mit der Baunummer 46, die bis auf royale Zusatzmarkierungen die Bemalung der staatlichen Airline trägt, ist die einzige verbliebene A340 in der Flotte Bruneis, die anderen wurden inzwischen an andere Regierungen verkauft.*

Airbus A340-213. *5A-ONE ist eine ehemalige Maschine der Regierungsflotte Bruneis. Die Baunummer 151, registriert V8-JBB, war das Flugzeug des korrupten Bruders des Sultans und wurde 2000 verkauft, nachdem dessen Machenschaften öffentlich wurden. Danach flog die Maschine sechs Jahre lang mit der Kennung HZ-WBT4 als VIP-Transporter der saudischen Kingdom Holding bevor sie im November 2006 an die lybische Afriqiyah Airways veräußert wurde, um als Regierungsmaschine des mittlerweile gestürzten Diktators Ghaddafi zu dienen. Bei der Eroberung von Tripolis im August 2011 wurde die Maschine durch Schüsse leicht beschädigt.*

A340-500/600 (ab 2001)

Nachdem steigende Ölpreise und immer weniger Beschränkungen für zweimotorige Flugzeuge Ende der 90er Jahre die Verkaufszahlen der A340 zurückgehen ließen, entschloss sich Airbus, die A340 weiterzuentwickeln und mit stärkeren und effektiveren Triebwerken sowie verlängertem Rumpf sowohl ökonomischer wie auch leistungsfähiger zu machen, um der neueren 777 von Boeing Paroli bieten zu können. Kaum hatte man aber mit der Entwicklung der A340-500 bzw. -600 begonnen, beschloss Boeing zum Leidwesen der Europäer das Gleiche mit der 777 zu tun, wodurch Airbus´ Entwicklung mittelfristig wenn nicht zum Scheitern, so doch zu nur mäßigem Erfolg verurteilt war. Ein Übriges tat die Tatsache, das die von mächtigen Rolls-Royce Trent-Triebwerken angetriebenen A340-600 nicht ganz die Leistung erbrachten, die sich mancher sich von ihr versprach. Dabei ist die von Anfang an nur für die Superlangstrecken-Nische entwickelte A340-500, im Dezember 2002 zum ersten Mal ausgeliefert, der wohl schönste jemals gebaute Airbus und einer der elegantesten Airliner, der je hergestellt wurde. Die -600er, die seit August 2002 ausgeliefert wird, leidet unter ästhetischen Gesichtpunkten genau wie das etwas größere Gegenstück Boeing 777-300ER unter durch den überlangen Rumpf verursachten etwas unglücklichen Proportionen. Aber Schönheitspreise gewinnen zumindest in der Luftfahrt leider wenig Aufträge. Etliche Kunden zumindest der A340-600 sind mit ihr sehr zufrieden, wie die Lufthansa, Iberia oder South African Airways, also Airlines, die viele Routen fliegen, bei denen Viermotorige konzeptionell überlegen sind. Insbesondere sind das extrem lange Überwasserstrecken und sehr hoch gelegene Ziele. Die A340-600 war bis zur Indienststellung der ersten Boeing 747-8 im Spätsommer 2011 das längste rein zivile Flugzeug der Welt. Um ihre erst wenige Jahre alten Noch-Flaggschiffe attraktiv zu halten, schob Airbus 2005 für beide großen A340-Varianten die sogenannte HGW-Version nach, die ab ihrem Debüt die ursprüngliche ablöste. HGW steht für „High Gross Weight", was nichts anderes als ein höheres Startgewicht und damit größere Reichweite oder Zuladung bedeutet.

Airbus A340-542 HGW. *Kingfisher Airlines, die zum gleichnamigen Bierkonzern gehörende, im südindischen Bangalore beheimatete Airline, sollte laut Plan vom Start 2005 weg zu einer größeren, auch international tätigen Airline werden. Obwohl schnell relativ erfolgreich, war man gleichzeitig doch zu optimitsisch, was zu damit verbundenen Fehlentscheidungen führte. Dazu zählt die überraschende Order von fünf A340-500 im Jahr 2004. Die Maschinen wurden 2008 gebaut und teilweise sogar in Kingfisher-Farben lackiert, bei Fertigstellung aber nicht mehr benötigt und storniert, wozu die Wirtschaftskrise 2008/2009 ihr Übriges tat. Baunummer 894 trug während der Tests die Kennung VT-VJB unter dem linken Flügel und wurde danach in Lourdes abgestellt. 2011 wurde bekannt, dass sie demnächst an die angolanische SonAir verleast werden soll.*

Auf dem Unterdeck der rechten Seite befinden sich eine Frachttür vor und zwei hinter den Tragflächen, genau wie bei allen anderen A340 und A330 auch.

Aufgrund des bei allen auf der A300 basierenden Typen kürzeren Bugfahrwerks ist die A340-600 im Stand nach vorn geneigt.

Die D-AIHE der Lufthansa hat seit 2008 als Besonderheit das sogenannte „Caribic"-System mit markanten roten Messfühlern an Bord, mit dem die Airline in Unterstützung der Wissenschaft die Erdatmosphäre und ihre Veränderungen untersucht.

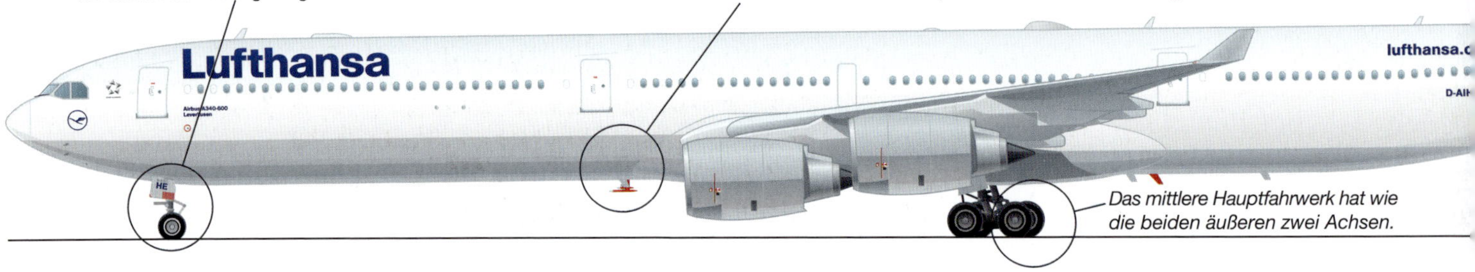

Das mittlere Hauptfahrwerk hat wie die beiden äußeren zwei Achsen.

Bei der auf diesen Seiten abgebildeten A340-641 handelt es sich um die D-AIHE der Lufthansa, die als 540. Maschine der A340/330-Baureihe vom Band lief und am 16.1.2004 ausgeliefert wurde. Die „Leverkusen" gehört damit zur ersten Tranche dieses Typs, die an den deutschen Flagcarrier ging.

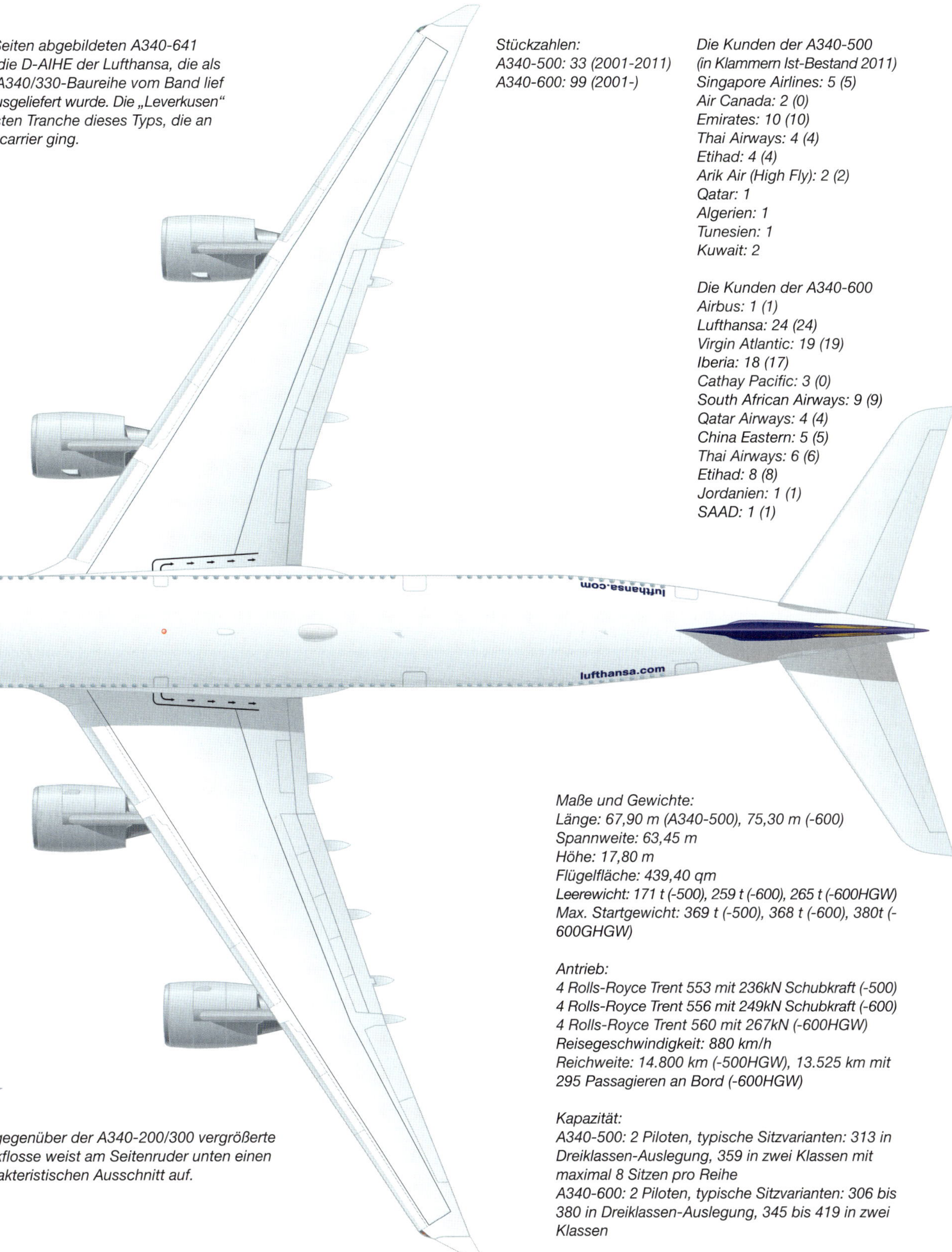

Stückzahlen:
A340-500: 33 (2001-2011)
A340-600: 99 (2001-)

Die Kunden der A340-500
(in Klammern Ist-Bestand 2011)
Singapore Airlines: 5 (5)
Air Canada: 2 (0)
Emirates: 10 (10)
Thai Airways: 4 (4)
Etihad: 4 (4)
Arik Air (High Fly): 2 (2)
Qatar: 1
Algerien: 1
Tunesien: 1
Kuwait: 2

Die Kunden der A340-600
Airbus: 1 (1)
Lufthansa: 24 (24)
Virgin Atlantic: 19 (19)
Iberia: 18 (17)
Cathay Pacific: 3 (0)
South African Airways: 9 (9)
Qatar Airways: 4 (4)
China Eastern: 5 (5)
Thai Airways: 6 (6)
Etihad: 8 (8)
Jordanien: 1 (1)
SAAD: 1 (1)

Maße und Gewichte:
Länge: 67,90 m (A340-500), 75,30 m (-600)
Spannweite: 63,45 m
Höhe: 17,80 m
Flügelfläche: 439,40 qm
Leerewicht: 171 t (-500), 259 t (-600), 265 t (-600HGW)
Max. Startgewicht: 369 t (-500), 368 t (-600), 380t (-600GHGW)

Antrieb:
4 Rolls-Royce Trent 553 mit 236kN Schubkraft (-500)
4 Rolls-Royce Trent 556 mit 249kN Schubkraft (-600)
4 Rolls-Royce Trent 560 mit 267kN (-600HGW)
Reisegeschwindigkeit: 880 km/h
Reichweite: 14.800 km (-500HGW), 13.525 km mit 295 Passagieren an Bord (-600HGW)

Kapazität:
A340-500: 2 Piloten, typische Sitzvarianten: 313 in Dreiklassen-Auslegung, 359 in zwei Klassen mit maximal 8 Sitzen pro Reihe
A340-600: 2 Piloten, typische Sitzvarianten: 306 bis 380 in Dreiklassen-Auslegung, 345 bis 419 in zwei Klassen

Die gegenüber der A340-200/300 vergrößerte Heckflosse weist am Seitenruder unten einen charakteristischen Ausschnitt auf.

Die ersten A340-600

Virgin Atlantic Airways als Launch Customer erhielt im August 2002 die erste Maschine vom Typ A340-600. Zur Flotte der Briten gehört inzwischen auch der von Anfang an als Serienflugzeug gebaute zweite Prototyp der Baureihe. Die A340-600 hat sich als ein herausragend komfortables Flugzeugmuster herausgestellt, ruhiger noch als das zugegeben ökonomischere Konkurrenzmodell Boeing 777-300ER, wie der Autor hier aufgrund eigener Erfahrungen ausdrücklich bestätigen möchte.

Airbus A340-642. *„Die „Scarlet Lady" (scharlachrote Dame), die 768. A330/340, stieß am 19.10.2006 zur Flotte von Virgin Atlantic und war die erste Maschine in einer modifizierten Bemalung.*

Airbus A340-642. *Cathay Pacific Airways erhielt mit der B-HQA, Baunummer 436, ihren ersten von drei A340-642 am 19.12.2002. Diese drei geleasten Maschinen gehörten zu den allerersten dieses Typs und waren eigentlich für Virgin vorgesehen. Da die ersten A340-600 aber etwas übergewichtig waren, übernahm Virgin wo es ging andere Lieferpositionen. Cathay Pacific war von diesen nicht 100% serienmäßigen A340-600 aber auch nicht nicht allzu begeistert und gab sie nach gut fünf Jahren an den Besitzer zurück. Die drei Maschinen fliegen seit Anfang 2009 für die chinesische Hainan Airlines.*

Airbus A340-642. *Die D-AIHC der Lufthansa wurde als 523. der A330/340-Baureihe hergestellt und am 8.12.2003 ausgeliefert. Bis 2009 trug die auf den Namen „Essen" getaufte Maschine als einzige A340-600 die Bemalung der Star Alliance. Lufthansa besitzt mit 24 Maschinen die weltweit größte A340-600-Flotte. Sie wurden in zwei Tranchen bestellt. Als letztes wurde 2009 die D-AIHZ ausgeliefert. Nach der Boeing 747-400 (und demnächst 747-8I) ist die A340-600 das zahlenmäßig wichtigste Langstreckenflugzeug der Airline.*

Airbus A340-642. *Virgin Atlantic übernahm die G-VNAP am 24.2.2005. Sie ist die 622. A330/340 und wurde auf den Namen „Morning Maid" getauft. Virgin hat 19 zwischen 2002 und 2007 abgenommene A340-600 und ist damit weltweit Nr.2 hinter der Lufthansa.*

A340-600 im Liniendienst

Da die A340-600 die in sie gestellten Forderungen während der Testphase nicht vollständig erfüllen konnte, verhielten sich manche Airlines abwartend, was zwar trotzdem zu zufriedenstellenden Anfangsverkäufen führte, aber bereits mittelfristig den Markterfolg des längsten Verkehrsfluzeuges der Welt in Frage stellen zu schien. Eine Befürchtung, die sich dann nach Einführung des Konkurrenzmodells Boeing 777-300ER allzuschnell als Realität herausstellen sollte und inzwischen zu einer gewissen Langeweile in diesem Marktsegment geführt hat.

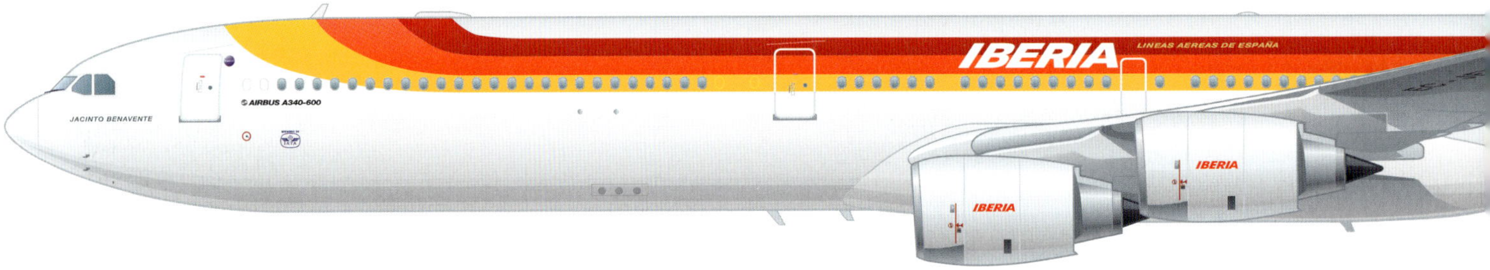

Airbus A340-642. *Die 534. Maschine der A330/340-Baureihe wurde am 18.11.2003 mit der Kennung ZS-SNE an South African Airways ausgeliefert, Besitzer ist allerdings das Leasingunternehmen ILFC. SAA hat neun A340-600, nach dem Verkauf der 747-400 mittlerweile der größte Flugzeugtyp der Südafrikaner.*

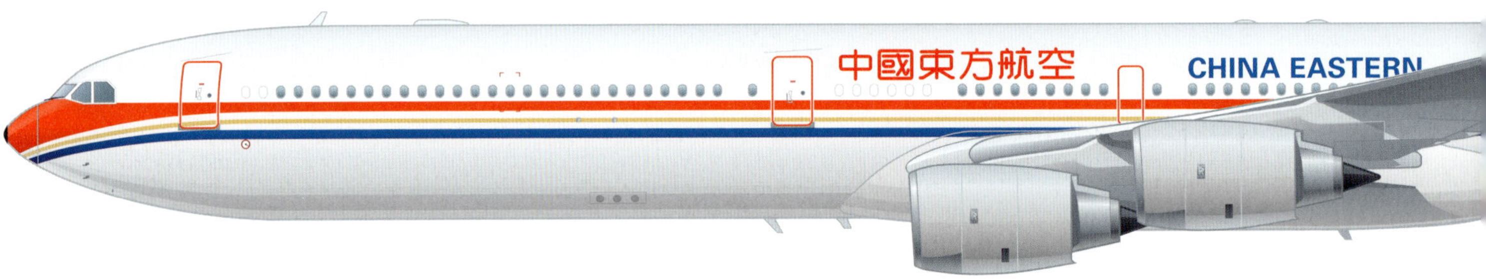

Airbus A340-642. *Die 586. A330/340 wurde am 29.7.2004 an China Eastern Airlines geliefert und erhielt das Kennzeichen B-6055. Sie ist eine von fünf Maschinen dieses größten Typs der Flotte. Seit März 2006 fliegt sie mit Expo-Sonderbemalung.*

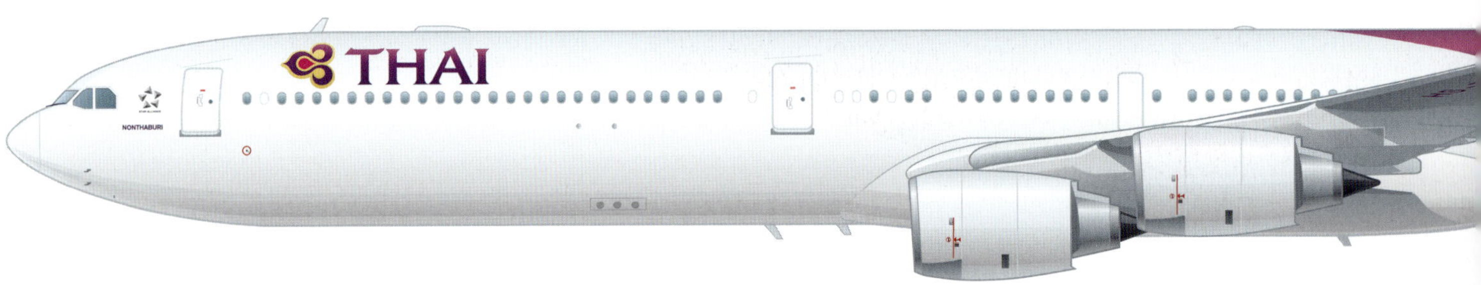

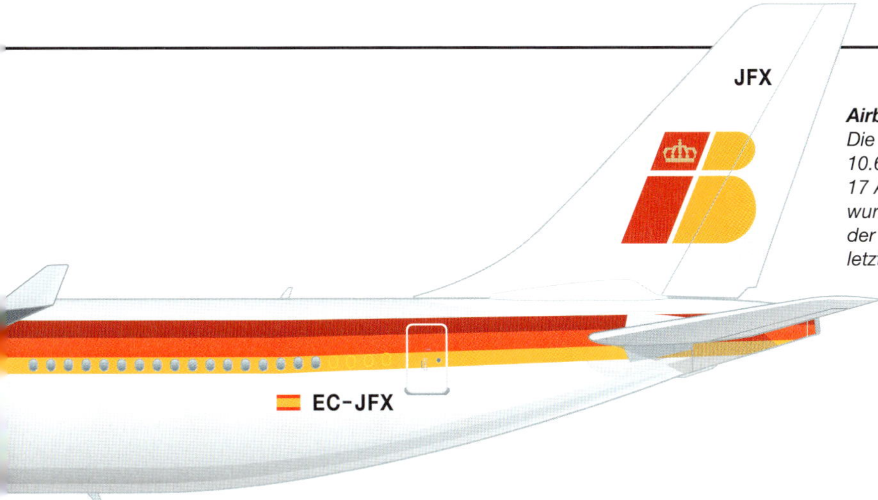

Airbus A340-642. *Die A340-600 ist das größte Flugzeug der Iberia. Die EC-JFX, die den Namen „Jacinto Benavente“ trägt, stieß am 10.6.2005 zur Flotte und trägt die Baunummer 672. Iberia besitzt 17 A340-600, die allesamt zwischen 2003 und 2010 ausgeliefert wurden, und damit die drittgrößte Flotte dieses Typs weltweit. Mit der EC-LFS erhielt Iberia übrigens auch die A340 mit der (bisher?) letzten Baunummer.*

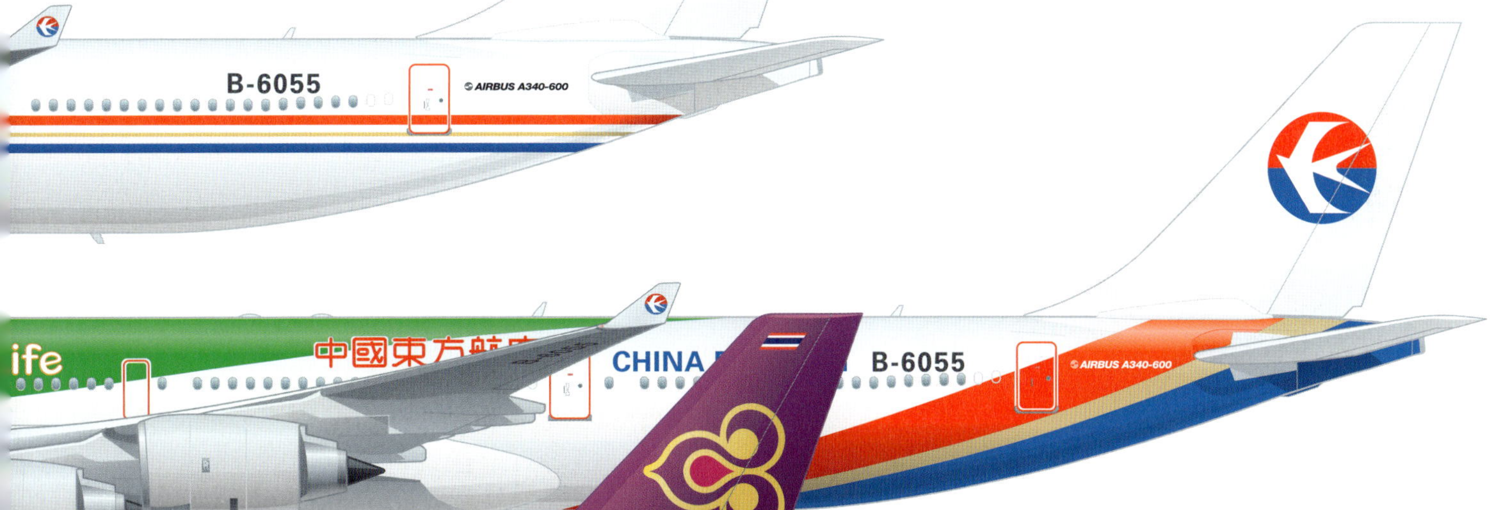

Airbus A340-642. *Thai Airways erhielt in den Jahren 2005 bis 2008 insgesamt sechs A340-600. Die HS-TNE mit dem Namen „Nonthaburi“ ist die 719. Maschine der Baureihe und wurde am 10.12.2005 ausgeliefert.*

A340-600 im Liniendienst

Die letzten Airlinekunden für die A340-600 kamen aus dem Mittleren Osten. Eigentlich sollte auch Emirates den superlangen Airbus erhalten, stornierte jedoch den Auftrag zugunsten der Boeing 777. Zwei A340-600 wurden von VIP-Kunden geordert, eine 2006 für die saudische SAAD/National Air Services gebaute und bis 2010 in Basel ausgerüstete Maschine (in gleicher auffälliger Bemalung wie die auf S.77 abgebildete A320), sowie eine 2009 ausgelieferte, die bis 2011 für den König Jordaniens hergerichtet wurde und eine A340-200 ersetzt. Ende 2010 wurde mit der EC-LFS, Baunummer 1122, die (vorerst?) letzte A340-600 an Iberia ausgeliefert. Neubestellungen sind bis auf mögliche Flottenergänzungen unwahrscheinlich.

Airbus A340-642. *Die smarte Bemalung von Qatar Airways steht der langen A340 besonders gut. Am 8.9.2006 wurde die A7-AGA als erste A340-600 ausgeliefert, hergestellt als 740. Maschine der A330/340-Baureihe. Qatar hat mittlerweile angekündigt, ihre vier A340-600 nicht mehr allzu lange behalten zu wollen. In Zukunft sollen sich das Konkurrenzmodell Boeing 777-300ER und die ab 2012 zur Auslieferung anstehenden A380 die Hauptrouten der Airline teilen.*

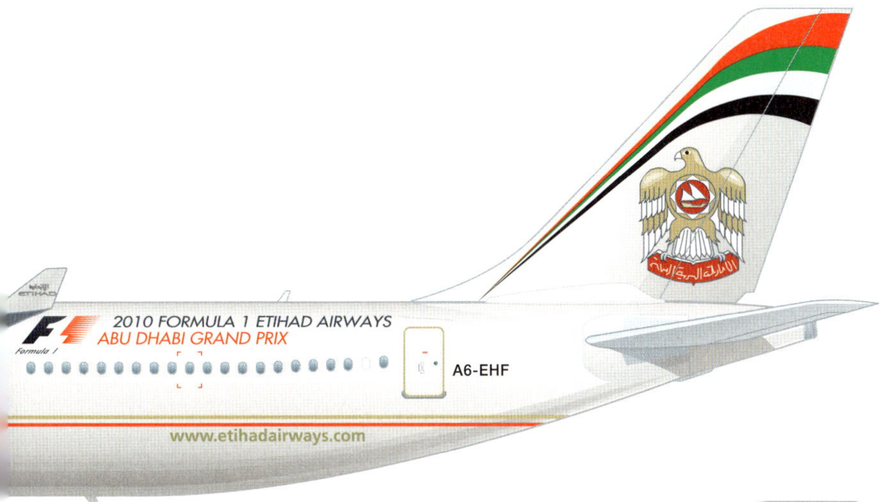

Airbus A340-642. *Etihad Airways, die rasch expandierende Airline Abu Dhabis, orderte 2004 acht A340-600, die in den Jahren 2006/2007 ausgeliefert wurden - mit Ausnahme einer 2007 während letzter Tests irreparabel beschädigten Maschine (s.S. 128/129). Die A6-EHF, die als 837. Maschine vom Band lief, wurde am 28.8.2007 überstellt und trug 2009/2010 Werbeaufkleber für den einheimischen Formel 1-Grand Prix.*

Airbus A340-642. *Wie auf den vorigen Seiten bereits geschrieben, gab Cathay Pacific Airways Anfang 2009 ihre drei A340-600 an die private chinesische Hainan Airlines weiter. Die B-6508 war vorher fünfeinhalb Jahre lang mit dem Kennzeichen B-HQA geflogen.*

Die A340-500 - schön, aber selten

Die A340-500 war von Anfang an als Nischenmodell geplant, auch wenn wie bei der A340-600 die Verkäufe letztendlich hinter den Erwartungen zurückblieben. Zum Zeitpunkt ihrer Indienststellung Ende 2002 war sie das Verkehrsflugzeug mit der größten Reichweite, wurde aber bereits drei Jahre später, allerdings unwesentlich, von der Boeing 777-200LR übertrumpft, die ebenfalls kein Bestseller wurde. Von der wohl schönsten Variante der A340 - und damit einer der attraktivsten Verkehrsmaschinen aller Zeiten - wurden leider nur 37 Maschinen hergestellt.

Airbus A340-541. *Die HS-TLA war am 6.4.2005 die erste von vier Maschinen dieses Typs, die bis 2007 an Thai Airways geliefert wurden. Die „Chiang Kham" war als 624. A330/340 vom Band gelaufen.*

Airbus A340-541. *Etihad erhielt 2006 vier luxuriös ausgestattete Maschinen dieses Typs, die seither mit den Kennungen A6-EHA bis A6-EHD unterwegs sind. Das Quartett hat die Baunummern 748, 757, 761 und 783.*

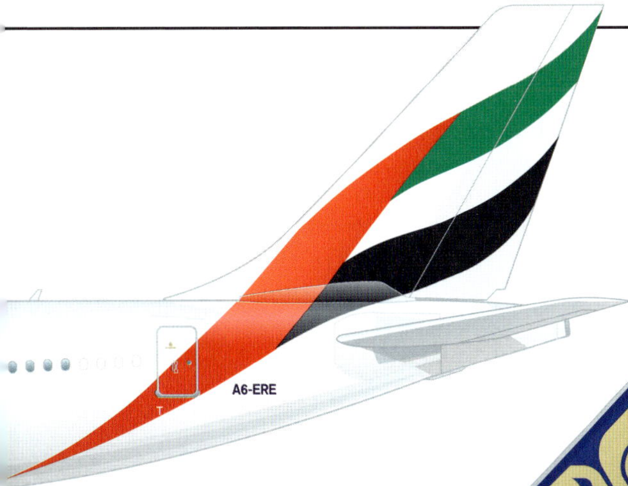

Airbus A340-542. _Mit zehn Maschinen, darunter dem Prototypen der Baureihe, hat Emirates die größte Flotte an A340-500. Die 572. Maschine der Baureihe wurde am 21.5.2004 mit dem Kennzeichen A6-ERE nach Dubai überstellt._

Airbus A340-542. _Singapore hat fünf Maschinen dieses Typs, darunter die 9V-SGE, die am 4.5.2004 als 563. A330/340 ausgeliefert wurde. Die A340-500 der Airline werden inzwischen als reine Businessclassflüge (100 Sitze) auf der Route von Singapur nach New York eingesetzt, der mit fast 16.700 Kilometern längsten Nonstopstrecke der Welt._

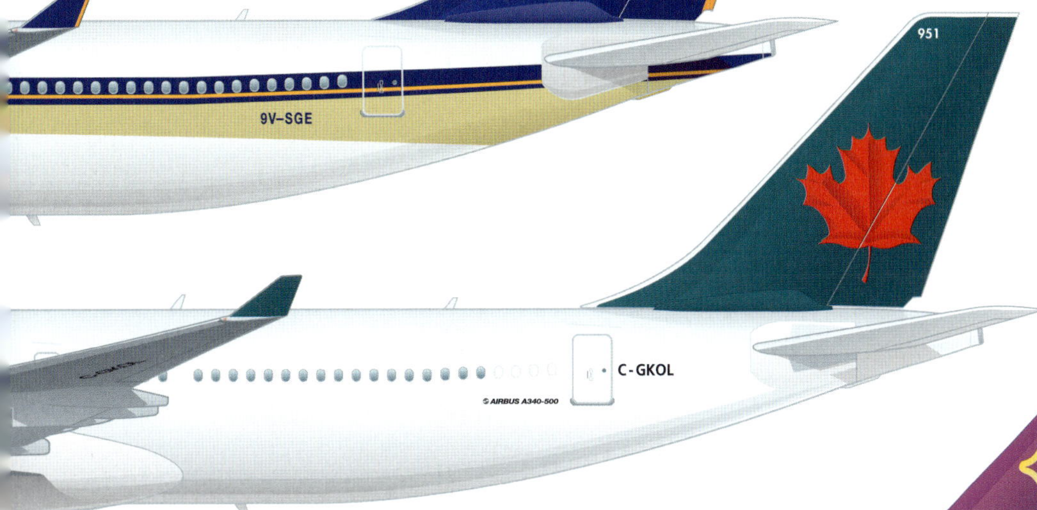

Airbus A340-541. _Air Canada hatte gerade erst ihre zwei A340-500 erhalten, als man in einem großen Deal mit Boeing den vorzeitigen Austausch der gesamten A340- bzw. A330-Flotte beschloss. Die C-GKOL flog nur von Juli 2004 bis September 2007 für die einzige verbliebene internationale kanadische Airline, bis November 2005 in dieser Bemalung. Seit Dezember 2007 ist sie mit dem Kennzeichen PT-MSN für die brasilianische TAM im Einsatz._

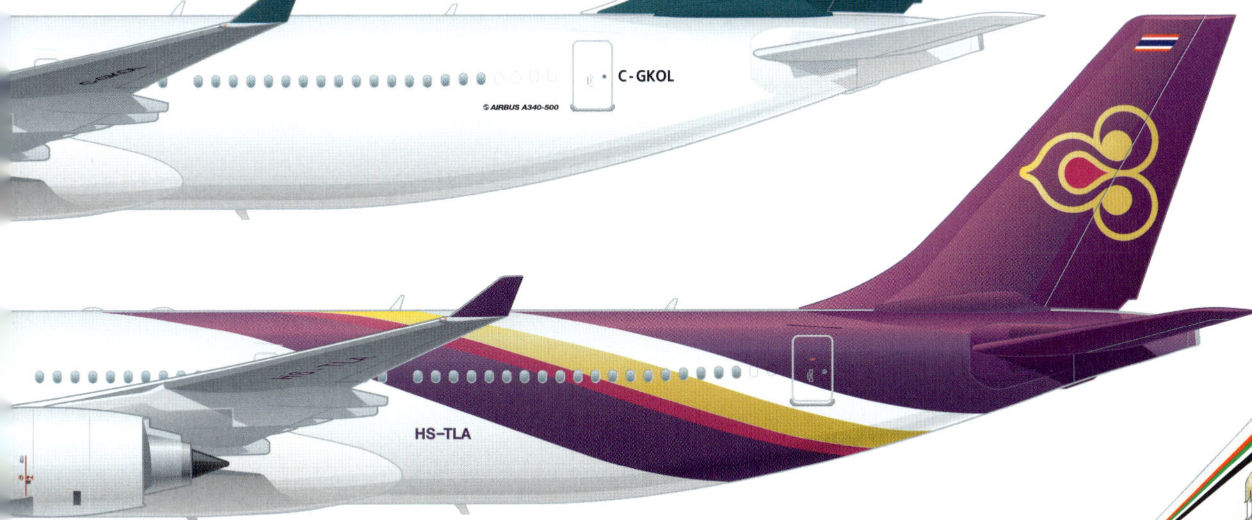

A340-500-Raritäten

Nur als VIP-Flugzeug ist der ansonsten rare Superlangstrecken-Airbus A340-500 erfolgreicher als die konkurrierende Boeing 777, auch wenn wir hier von nur fünf Flugzeugen sprechen. Qatar, Tunesien und Algerien erhielten eine und Kuwait zwei Maschinen dieses Typs. Die möglicherweise letzte A340 überhaupt ist eine A340-500 und ging 2011 an die Regierung Kuwaits.

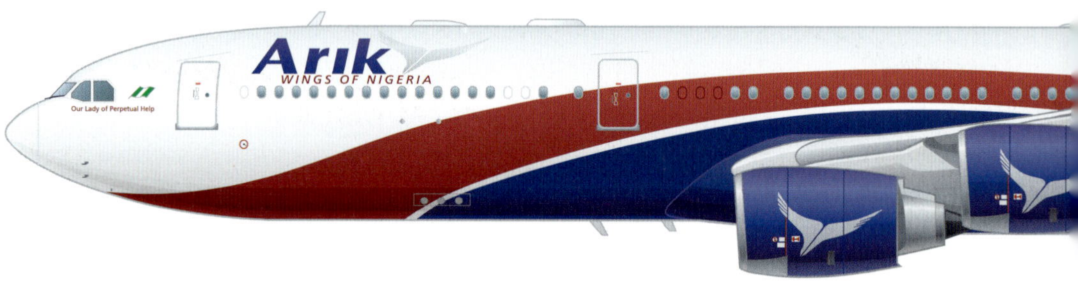

***Airbus A340-541.** Der im Januar 2011 gestürzte tunesische Diktator Ben Ali, zu Recht als Kleptokrat verschrien, beschaffte sich 2009 mit der TS-KRT ein ebenso grandioses wie für die wirtschaftlichen Verhältnisse seines Landes völlig übertriebenes Flugzeug, eine von Kingfisher nicht abgenommene Maschine mit der Baunummer 902. Eine der ersten Maßnahmen der neue Regierung war es, sie zum Verkauf auszuschreiben.*

***Airbus A340-541.** Die Regierung Algeriens beschaffte 2008 die Baunummer 917 und setzt sie seither mit der Kennung 7T-VPP ein.*

Airbus A340-541. *Die A7-HHH von Qatar Amiri Flight wurde im September 2003 ausgeliefert und bis 2006 mit einem Luxusinterieur ausgestattet. Die Maschine fliegt auch 2011 noch in der alten Bemalung der Qatar Airways.*

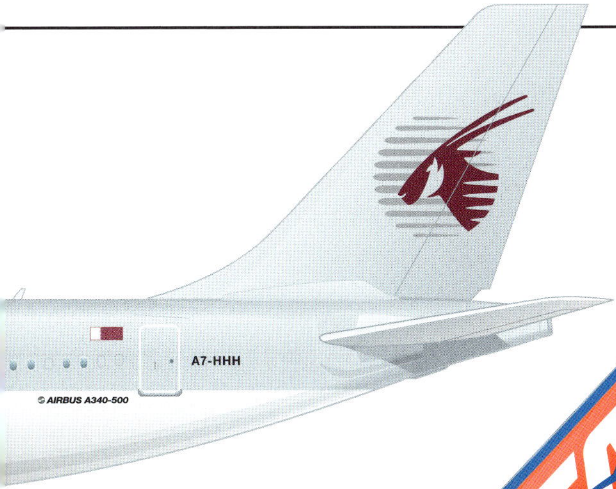

Airbus A340-541. *TAM übernahm 2007 die beiden ex-Air Canada-Maschinen. Anfangs wurden sie auf der Route nach Frankfurt eingesetzt, inzwischen fliegen sie auf Strecken parallel zu den später beschafften Boeing 777-200ER. Die PT-MSN ist die ehemalige, auf der vorherigen Doppelseite abgebildete C-GHOL. Die abgebildete aktuelle Bemalung trägt sie seit Winter 2009/2010.*

Airbus A340-542. *Die nigerianische Arik Air übernahm Ende 2008 zwei von der indischen Kingfisher Airlines nicht abgenommene Maschinen für die Lagos-London/Heathrow-Route. Die CS-TFW ist die 2008 gebaute Baunummer 910. Sie trägt eine portugiesische Kennung, da sie der dortigen Hi Fly gehört.*

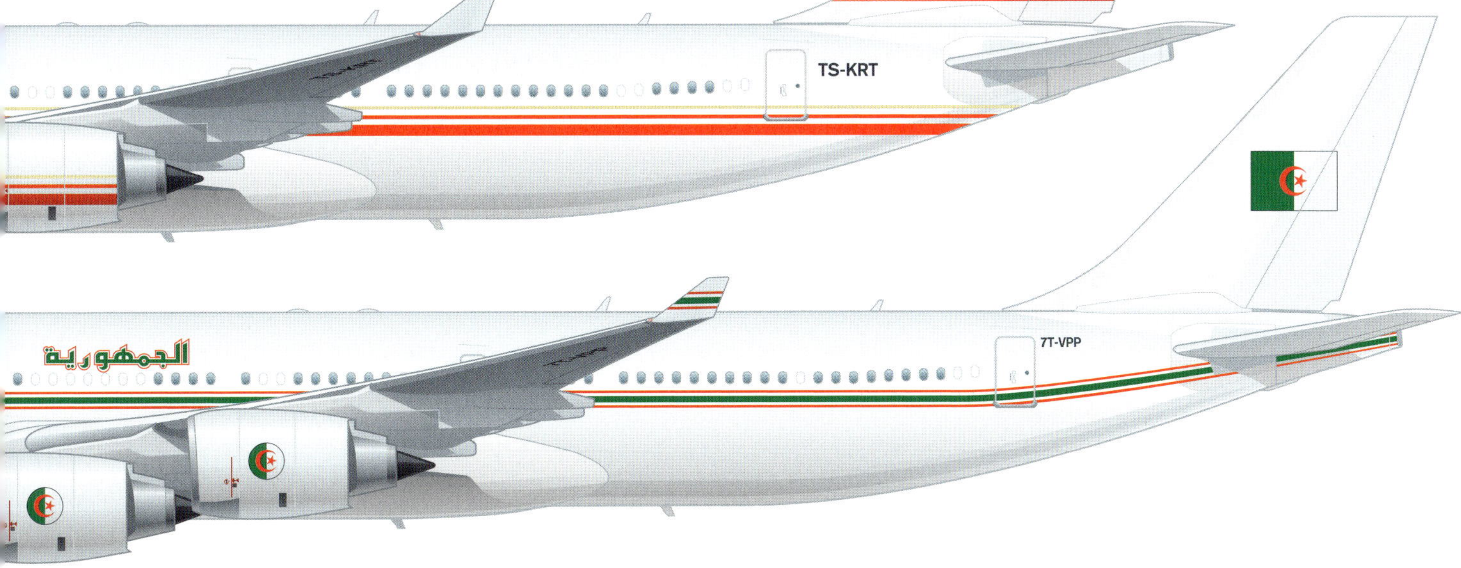

A330F - Primus der Frachter-Mittelklasse

Nach dem Auslaufen der Produktion des A300-Frachters 2007 klaffte im Markt für mittelgroße Frachter eine Lücke, die mehrere Jahre nur von der alternden Boeing 767-300 bedient wurde, die sich nur noch „tröpfchenweise" verkauft. Seltsamerweise ließ sich Airbus sehr viel Zeit, ein entsprechendes Nachfolgeangebot zu platzieren. Erst drei Jahre nach der letzten A300F, im August 2010, wurde die erste A330-200F an Etihad Cargo aus Abu Dhabi ausgeliefert. Augenfällig ist ein markantes Erkennungszeichen gegenüber der Passagierversion, denn der Frachter trägt einen recht unansehnlichen Buckel unter der Nase. Dies war nötig geworden, da das Bugfahrwerk aller A330/340 etwas kürzer als das Hauptfahrwerk ist. Was bei der Passagierversion nicht relevant war, bringt bei der Beladung mit Paletten Probleme und wurde durch die Ausbeulung zwar preisgünstig, aber auf wenig elegante Art gelöst.

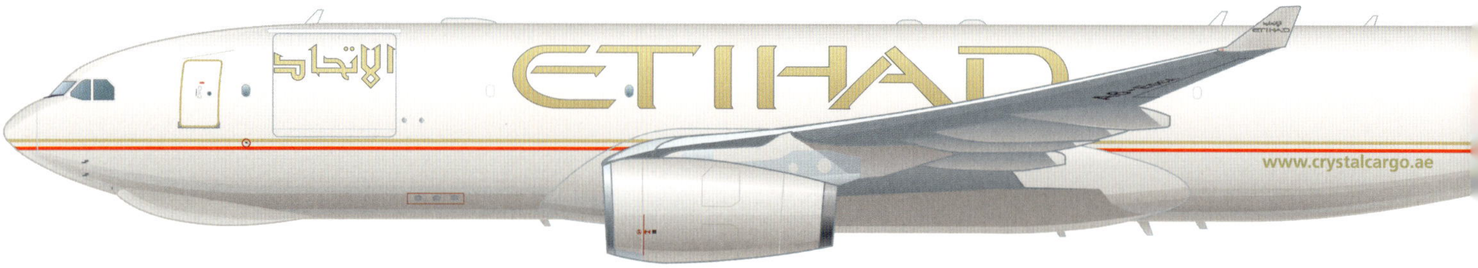

Die A330F verkauft sich bisher zwar gut, wirkliche Begeisterung kann aber in der Verkaufsabteilung noch nicht aufgekommen sein. Macht aber nichts, denn die Bänder der A330 sind durch die begehrte Passagierversion auf Jahre ausgelastet. 88 Orders und Absichtserklärungen wurden bisher platziert, etwa 30% davon sind aber nicht fest. Mitten im Cargoboom 2010/11 gingen nur sieben Bestellungen ein, und der urspüngliche erste Kunde Flyington stornierte seinen Auftrag wieder. Fast alle A330-Frachter wurden übrigens bisher von Leasingunternehmen bestellt.

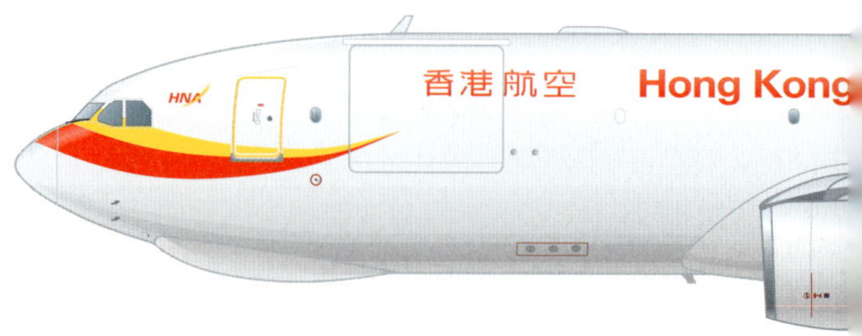

Airbus A330-243F. *Die zur Hainan-Gruppe gehörende Hong Kong Airlines, deren Airlines alle eine ähnliche Bemalung tragen, erhielt am 3.11.2010 mit der Baunummer 1062 ihren zweiten A330-Frachter, die B-LNY.*

Airbus A330-223F. *Am 15.9.2011 stieß mit der 9M-MUA der erste A330-Frachter zur Flotte von Malaysia Airlines´ Cargo-Abteilung MASkargo. Bei der Maschine handelt es sich um die Baunummer 1136.*

Airbus A330-243F. *Etihad Airways aus Abu Dhabi ist ein guter Airbus-Kunde. Bis auf einige 777 besteht die Flotte nur aus europäischen Jets, von der A319 bis hoch zur A340-600, und bald A380. Die A6-DCA mit der Baunummer 1032 war der erste von bisher zwei gelieferten A330-Frachtern, wurde am 9.8.2010 an Etihad Chrystal Cargo überstellt und war damit die allererste A330F im Airlinedienst überhaupt.*

Airbus A330-243F. *Baunummer 1004, der Prototyp des A330-Frachters, trug während der Testphase die Kennung F-WWYE. Der Erstflug fand am 5.11.2009 statt. Bereits weniger als ein Jahr später, am 29.9.2010, konnte die Maschine mit der Registrierung TC-JDO an Turkish Airlines übergeben werden, wo sie den Namen „Meric" erhielt.*

Elegant trotz Grau in Grau: Die A330-200MRTT

Auf Basis der kleinsten Variante der A330/340-Reihe entwickelte Airbus den MRTT, ein schnell vom Tanker zum Transportflugzeug eines halben Infanteriebataillons und umgekehrt umrüstbaren „Multi Role Tanker Transport“, der auch als VIP-Flugzeug und medizinisches Evakuierungsflugzeug (Medevac) mit bis zu 130 Tragegestellen verwendbar ist. Maximal können 110 Tonnen Treibstoff oder 380 Soldaten befördert werden. Die Maschine wird mit allen drei Triebwerkstypen der zivilen Variante angeboten. Struktuell entspricht der Flügel der der A340-200/300, ist mithin gegenüber der Basis A330-200 am Außenflügel verstärkt. Nach der Herstellung in Tolouse werden die meisten Maschinen im Airbus Military Conversion Center im spanischen Getafe ausgerüstet und getestet. Neben Australien

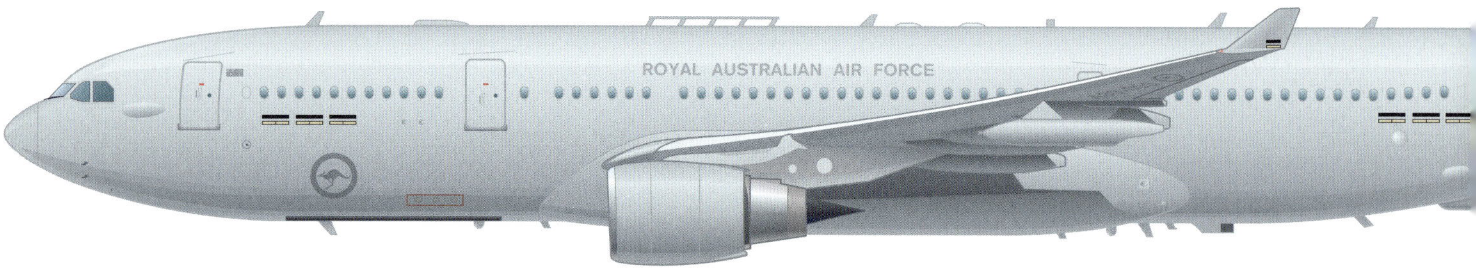

mit fünf Bestellungen, Großbritannien mit 14 und Saudi Arabien mit sechs Maschinen haben die Vereinigten Arabischen Emirate drei Maschinen geordert. Der sich über Jahre hinziehende Wettbewerb um einen riesigen Auftrag der US-Luftwaffe ging Anfang 2011 hingegen verloren, nachdem Boeing nach der Niederlage in der ersten Runde 2008 Einspruch einlegte und die USAF die Anforderungen für die zweite Runde so modifizierte, dass sie besser auf das Boeing-Angebot auf der modernisierten Basis der als Zivilflugzeug veralteten 767 zugeschnitten waren. Jeder mag denken was er will, aber nach der ersten Runde war der MRTT, in USAF-Version KC-45A genannt, (laut Auskunft eines Generals) der „klare“ Gewinner, nach der zweiten (laut Auskunft eines Politikers) die Boeing - ohne dass sich an den Flugzeugen selbst irgendetwas grundsätzlich geändert hätte!

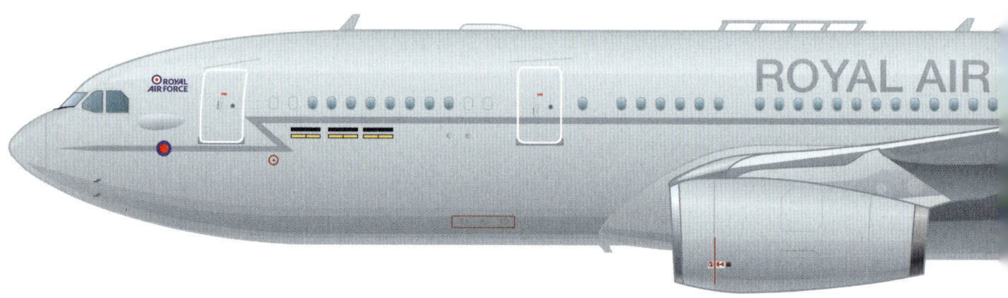

A330-203MRTT. *Im August 2011 wurde der erste Tanker der königlich saudi-arabischen Luftwaffe, der seinen Erstflug im März 2011 absolviert hatte, nach dem Ausbau in Getafe/Spanien vorgestellt. Saudi Arabien hatte 2008 und 2009 jeweils drei MRTTs bestellt, die in der Ausstattung mit zwei Schläuchen unter den Flügeln und einem Ausleger unter dem Hinterrumpf weitgehend der der australischen Luftwaffe entprechen.*

Airbus KC-30A (A330-203MRTT). *Australiens Luftwaffe RAAF hat als Ersatz ihrer alten Boeing 707 fünf Tanker bestellt, von denen der erste, die 2008 produzierte Baunummer 969, mit der Kennung A39-003 Ende Mai 2011 ausgeliefert wurde - mit zwei Jahren Verspätung. Drei weitere Maschinen wurden noch 2011 nach Australien überstellt, die letzte wird 2012 in Dienst gehen. Die Maschinen werden von der Flugstaffel 33 in Amberley nahe Brisbane geflogen. Die Konfiguration für die Royal Australian Air Force ist insofern anders als die der britischen Version, als dass sie zusätzlich zu den zwei Flügel-Pods einen „klassischen" herunterklappbaren Ausleger unter dem Hinterrumpf besitzt, sowie eine Vorrichtung hinter dem Cockpit, die es erlaubt, das der Tanker selbst in der Luft versorgt werden kann. Die Umrüstung zu Tankern wurde im Auftrag von Airbus von der militärischen Außenstelle der Qantas in Brisbane vorgenommen. Qantas betreibt übrigens seine A330-Flotte mit dem gleichen Triebwerkstyp. Einer der Tanker wurde Anfang 2011 beschädigt, als der Ausleger bei einem Betankungstest von einem portugiesischen F-16-Kampflugzeug abgerissen wurde, was die Auslieferung erneut verzögerte.*

Airbus KC2 „Voyager" (A330-243MRTT). *Die Royal Air Force war einer der ersten Interessenten für die militärische A330. Die 2009 hergestellte Baunummer 1046 ist der erstgebaute britische Tanker, im Herbst 2011 soll er nach ausgiebiger Erprobung mit der Kennung ZZ331 ausgeliefert werden. Die RAF bestellte zwei Versionen der „Voyager" genannten Tanker. Die KC3 hat drei Schlauchausleger, zwei unter den Flügeln, und den dritten unter dem hinteren Rumpf, geeignet, um drei Kampfflugzeuge gleichzeitig zu betanken. Die Variante KC2 nur die zwei Schlauch Betankungsvorrichtungen unter den Flügeln. Die 14 georderten Maschinen werden, für Militärflugzeuge ungewöhnlich, geleast und sollen die alten, in den 60er Jahren gebauten VC-10 sowie die L-1011 Tristar aus den 70ern ablösen. Die ersten beiden MRTTs wurden von Airbus im spanischen Getafe ausgebaut, die restlichen zwölf werden in Großbritannien selbst zu Tankern ausgerüstet.*

Unfälle von Airbus A330/340

Die A330/A340-Baureihe hat sich über mittlerweile fast zwei Jahrzehnte als sehr verkehrssicher herausgestellt. Bei den wenigen Unfällen mit viermotorigen A340 ist noch kein Mensch gestorben, bei der zweimotorigen A330 sieht die Bilanz allerdings wesentlich schlechter aus. Die A330 ereilte bereits drei große Katastrophen, „4 engines 4 longhaul" war also zumindest in diesem Punkt die bessere Wahl. Daneben wurden noch drei weitere A330 zerstört. Zwar mussten auch schon fünf A340 abgeschrieben werden, drei davon hatten aber keine Passagiere an Bord.

24.7.2001: Die inzwischen besiegte srilankische Rebellengruppe Tamil Tigers stürmte an diesem Tag den Flughafen von Colombo. Bei dem Selbstmordanschlag kamen 19 Menschen ums Leben, 14 Terroristen und fünf Soldaten. Ziel der Attacke war die Zerstörung der Flotte der staatlichen Airline SriLankan sowie der Luftwaffe. Das gelang auch teilweise, denn neben einer A320 wurden auch zwei A330-243 und die 1994 gebaute A340-312 mit dem Kennzeichen 4R-ADD irreparabel beschädigt.

01.06.2009: In dieser Nacht ereignete sich eine der mysteriösesten Flugzeugkatastrophen, als die etwas über vier Jahre alte A330-203 der Air France mit dem Kennzeichen F-GZCP während eines Sturmes über dem Südatlantik ins Meer stürzte. Flug 447 sollte von Rio de Janeiro nach Paris-Charles de Gaulle gehen und war mit 228 Menschen an Bord gut gebucht. Die Katastrophe muss plötzlich gekommen sein, denn den Piloten blieb keine Zeit einen Notruf abzusetzen, obwohl bereits Minuten vor dem Auseinanderbrechen automatische Übertragungen starke Irregularitäten anzeigten. Klar ist nur, dass der Pilot mit seiner Entscheidung durch den Sturm zu fliegen einen schweren Fehler beging, einen Fehler, den in dieser Nacht alle anderen Südatlantikflüge wohlwissend vermieden. Es dauerte zwei Jahre, bis die Reste der Maschine inklusive der Black Box tief auf dem Meeresgrund mitten im Atlantik gefunden wurden. Extrem starke Turbulenzen und durch Eis verstopfte Messfühler scheinen die beiden Copiloten überfordert zu haben, die zum Unglückszeitpunkt im Cockpit Dienst hatten.

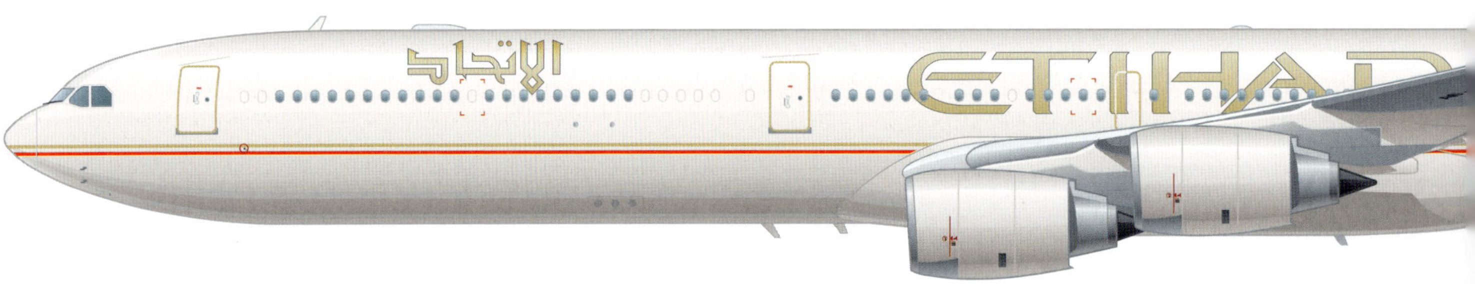

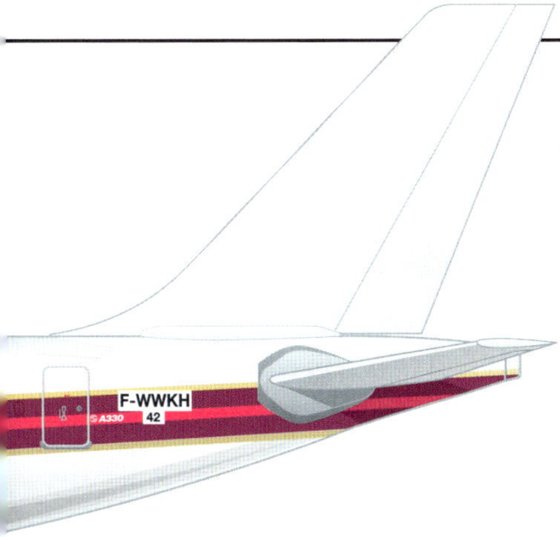

30.06.1994: Die 42. Maschine vom Band war für Thai Airways bestimmt und trug bereits teilweise deren Lackierung, als sie auf einem Testflug abstürzte. Sie trug noch die Werkskennung F-WWKH und war bereits am 14.10.1993 zum ersten Mal geflogen. Dass sie über neun Monate getestet wurde, hatte aber seinen Grund, denn die Maschine war die erste mit Pratt & Whitney-Triebwerken und die Tests dienten der Zertifizierung. Beim zweiten Start von Toulouse-Blagnac an diesem Tag sollte eine Modifikation des Autopiloten ausprobiert werden. Nach dem Start richtete sich die Nase immer steiler auf, während die Piloten zuerst vergebens versuchten, den Autopiloten einzuschalten. Als ein Steigwinkel von 29 Grad erreicht und die Geschwindigkeit auf 145 Knoten abgesunken war, fuhr der Kapitän das Triebwerk Nr.1 auf Leerlauf zurück und schaltete das Hydrauliksystem aus, wie im Testprogramm vorgesehen. Der Autopilot ließ den Steigwinkel nochmals ansteigen, und die Geschwindigkeit sank infolgedessen dramatisch ab, 18 Knoten unter das absolute Minimum von 118. Die Maschine begann wegen der Schubasymmetrie und niedrigen Geschwindigkeit unkontrolliert an zu rollen, und der Kapitän fuhr als Gegenmassnahme auch die Leistung des zweiten Triebwerks herunter. Als die Piloten die Kontrolle über die bereits 112 Grad nach links gekippte und 43 Grad steil aufragende Maschine wiedererlangten, war es jedoch bereits zu spät. Die A330 schlug auf dem Boden auf, niemand der sieben Insassen überlebte.

12.5.2010: Das zweitschwerste Unglück mit A330-Beteiligung ereilte die erst acht Monate alte A330-203 5A-ONG der libanesischen Afriqiyah Airways. Die 1024. Maschine vom Band war im September 2009 ausgeliefert worden und hatte erst 1600 Flugstunden auf 420 Flügen hinter sich, als ihre Karriere vorzeitig beendet wurde. Beim Landeanflug am Ende des aus Johannesburg kommenden, ansonsten ereignislosen Nachtkurses SU771 prallte die glücklicherweise schwach besetzte Maschine etwa einen Kilometer vor der Landebahn in Tripolis auf den Boden. 103 der 104 Menschen an Bord starben, und wie schon öfter war der einzig Überlebende ein Kind.

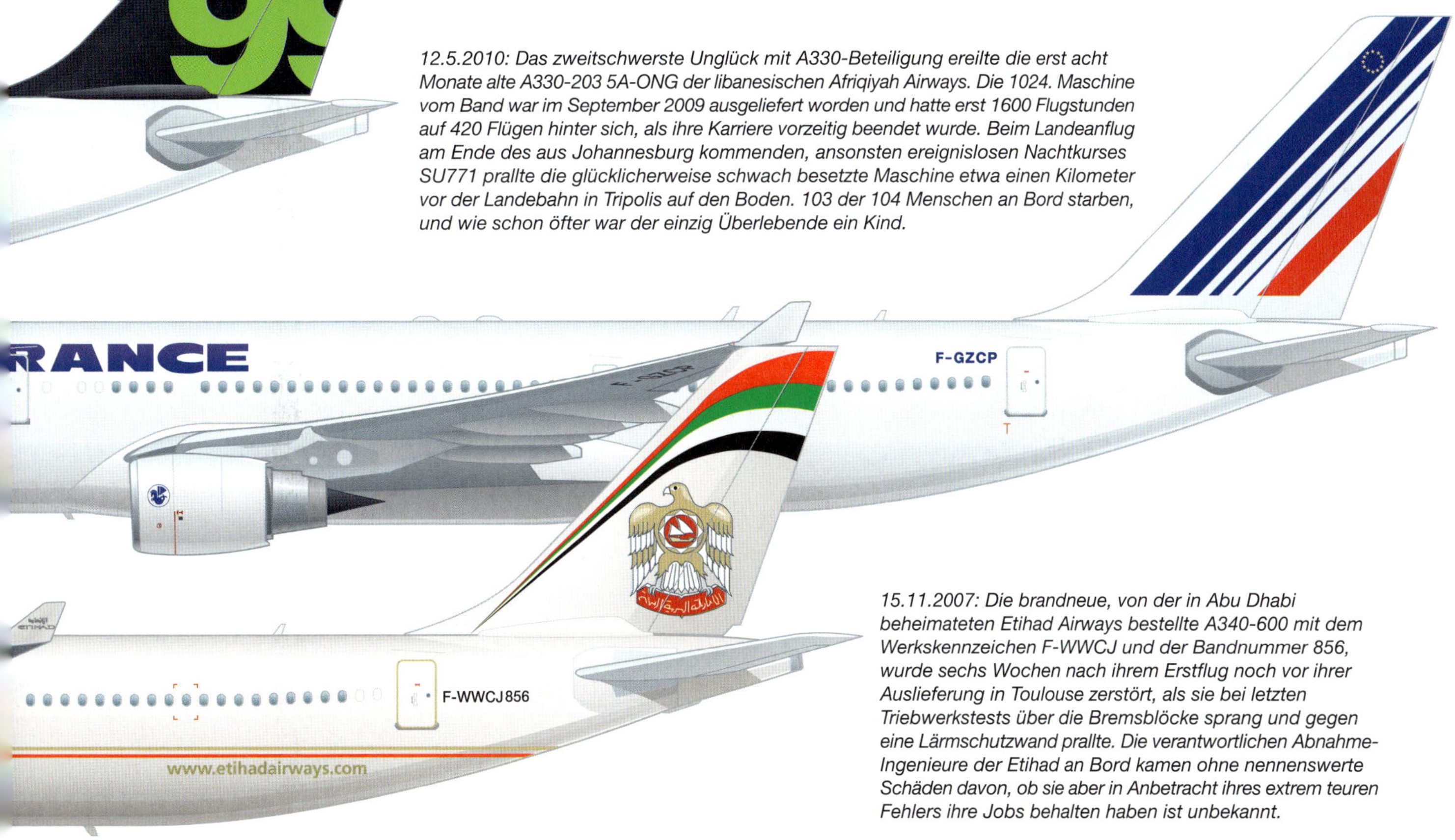

15.11.2007: Die brandneue, von der in Abu Dhabi beheimateten Etihad Airways bestellte A340-600 mit dem Werkskennzeichen F-WWCJ und der Bandnummer 856, wurde sechs Wochen nach ihrem Erstflug noch vor ihrer Auslieferung in Toulouse zerstört, als sie bei letzten Triebwerkstests über die Bremsblöcke sprang und gegen eine Lärmschutzwand prallte. Die verantwortlichen Abnahme-Ingenieure der Etihad an Bord kamen ohne nennenswerte Schäden davon, ob sie aber in Anbetracht ihres extrem teuren Fehlers ihre Jobs behalten haben ist unbekannt.

A330 - Karriere ohne Ende

Im Juli 2011 wurde die 800. A330 and Hong Kong Airlines ausgeliefert, eine beeindruckende Zahl. Noch beeindruckender ist die Gesamtzahl der Bestellungen bis zu diesem Zeitpunkt: 1140. Damit ist die A330-Produktion bis über das Jahr 2015 hinaus weitgehend ausgelastet. Auf dieser letzten Doppelseite zur A330/340-Flugzeugfamilie sind Maschinen abgebildet, die 2011 an spät hinzu gekommene Kunden ausgeliefert worden sind.

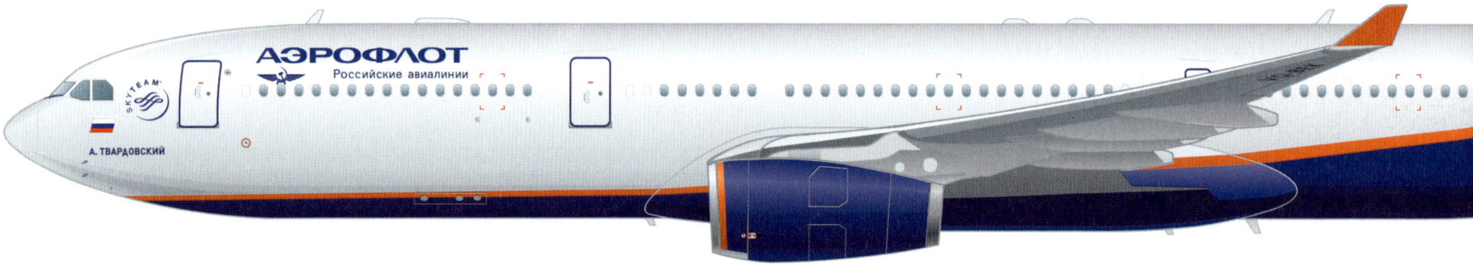

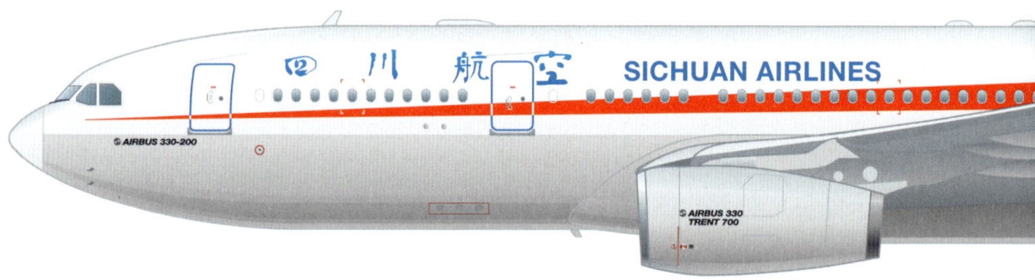

Airbus A330-343X. *SU-GDS lautet die Kennung der Baunummer 1143, die am 28.8.2010 an Egyptair ausgeliefert wurde. Sie ist die erste von vier bestellten A330-300 der Ägypter, nachdem 2004-2006 bereits sieben Machinen der -200er-Version ausgeliefert worden waren.*

Airbus A330-202. *Nach dem berühmten Maler „Michelangelo Merisi da Caravaggio" wurde die am 19.5.2011 an Alitalia gegangene EI-EJJ benannt. Wie so viele Maschinen der Airline, inklusive aller bisher sechs A330, ist die Baunummer 1225 in Irland registriert. Die Maschinen ersetzen die Boeing 767.*

Airbus A330-343X. *Die VQ-BEK wurde von Aeroflot auf den Namen des Dichters „A. Tvardovskij" getauft. Baunummer 1077 wurde am 19.1.2010 ausgeliefert ist die vierte von gegenwärtig sieben dieses Typs in der Flotte. Zusätzlich hat Aeroflot fünf Maschinen der Serie -200. Die A330 dienen als Ersatz für die Boeing 767 und zur Flottenerweiterung.*

Airbus A330-243. *Baunummer 1138 wurde am 23.7.2010 als zweite A330 an die im mittelchinesichen Chengdu beheimatete regionale Fluggesellschaft Sichuan Airlines verleast und erhielt die Kennung B-6517. 2011 kam noch eine dritte A330-200 zur weitgehend aus verschiedenen Airbus-Typen bestehenden Flotte hinzu.*

Airbus A380

Die Entwicklung des grössten Verkehrsflugzeugs aller Zeiten stellte das ambitionierteste Projekt der zivilen Luftfahrt seit den Tagen der ersten Boeing 747 und der Concorde dar. Als Airbus nach langer Vorbereitungszeit im Jahr 2000 den Startschuss zum bis dato A3XX genannten „Megaliner" gab, konnte man bereits eine hohe Zahl an Bestellungen vorweisen, von Singapore Airlines, Qantas, Lufthansa, Air France und insbesondere Emirates, deren riesige Order, die später noch mehrmals aufgestockt wurde, die Welt überraschte. Die A380 brachte Airbus an den Rand ihrer Möglichkeiten, als nach dem noch halbwegs pünktlichen Erstflug 2005 fertigungstechnische Probleme auftauchten, namentlich bei den Leitungen. Die komlizierte Logistik der Herstellung und Ausrüstung in mehreren Ländern, auf die hier nicht weiter eingegangen werden soll, tat ein Übriges, dass die Typzulassung erst am 12.12.2006 erteilt werden konnte und die erste Serienmaschine sogar erst ein weiteres knappes Jahr später an Singapore Airlines ausgeliefert wurde. Die A380 wird im Stammwerk in Toulouse zusammengebaut, Lackierung und Innenausbau erfolgen in Hamburg-Finkenwerder. Sie ist mit zwei Triebwerkstypen erhältlich, wobei die meisten Airlines das Angebot von Rolls-Royce bevorzugen. Die Tatsache, dass Großbesteller Emirates aber bei Engine Alliance bestellte führt dazu, dass, was die Zahl der A380 angeht, in etwa Gleichstand herrscht. Noch vor Auslieferung der ersten A380 wurde übrigens die geplante Frachtversion auf unbestimmte Zeit verschoben, nachdem Fedex ob der Lieferschwierigkeiten seine Order stornierte und gleichzeitig Boeing mit der neuen 747-8F erheblich mehr Bestellungen einheimsen konnte.

Das Seitenruder der A380 ist zweigeteilt, um die gewaltigen Kräfte besser aufnehmen bzw. umsetzen zu können.

Alle Versionen weisen auf dem Unterdeck der rechten Seite eine Frachttür vor und zwei Frachtüren hinter den Tragflächen auf.

Pro Seite hat der Riesen-Airbus sieben Türen, drei oben, vier unten. Bei Evakuierungstests in Hamburg konnten durch sie alle 873 Testpersonen in 78 Sekunden evakuiert werden.

Maße und Gewichte:
Länge: 72,30 m
Spannweite: 79,80 m
Höhe: 24,10 m
Rumpfbreite: 7,14 m
Flügelfläche: 846 qm
Gewicht: leer 275 t
Max. Startgewicht: 560 t
Max. Landegewicht: um 391 t je nach Auslegung

Antrieb:
4 x RR Trent 970 mit je 311kN Schubkraft (A380-841)
4 x RR Trent 972 mit je 320kN Schubkraft (A380-842)
4 x Engine Alliance GP7270 mit je 340kN Schubkraft (A380-861)
Reichweite: 15.200 km

Kapazität:
sehr unterschiedlich, z.B. Lufthansa 526 Passagiere in drei Klassen, maximale erlaubte Passagierzahl in Einklassenauslegung: 853

Die A380 ist, übrigens genauso wie der Konkurrent Boeing 747, für etwa 20.000 Flüge ausgelegt. Das entspricht rund 25 Jahren Einsatz.

Nach aerodynamischen Tests stellte sich die Lösung eines zwischen Ober- und Hauptdeck gelegenen Cockpits als die optimale Lösung heraus. Allerdings nur rein technisch gesehen.

Die Durchbiegung der riesigen, vollbetankten Flügel ist bei der A380 so augenfällig wie bei keinem anderen Flugzeug.

Das Hauptfahrwerk hat 20 Räder, aufgeteilt in vier Fahrwerke.

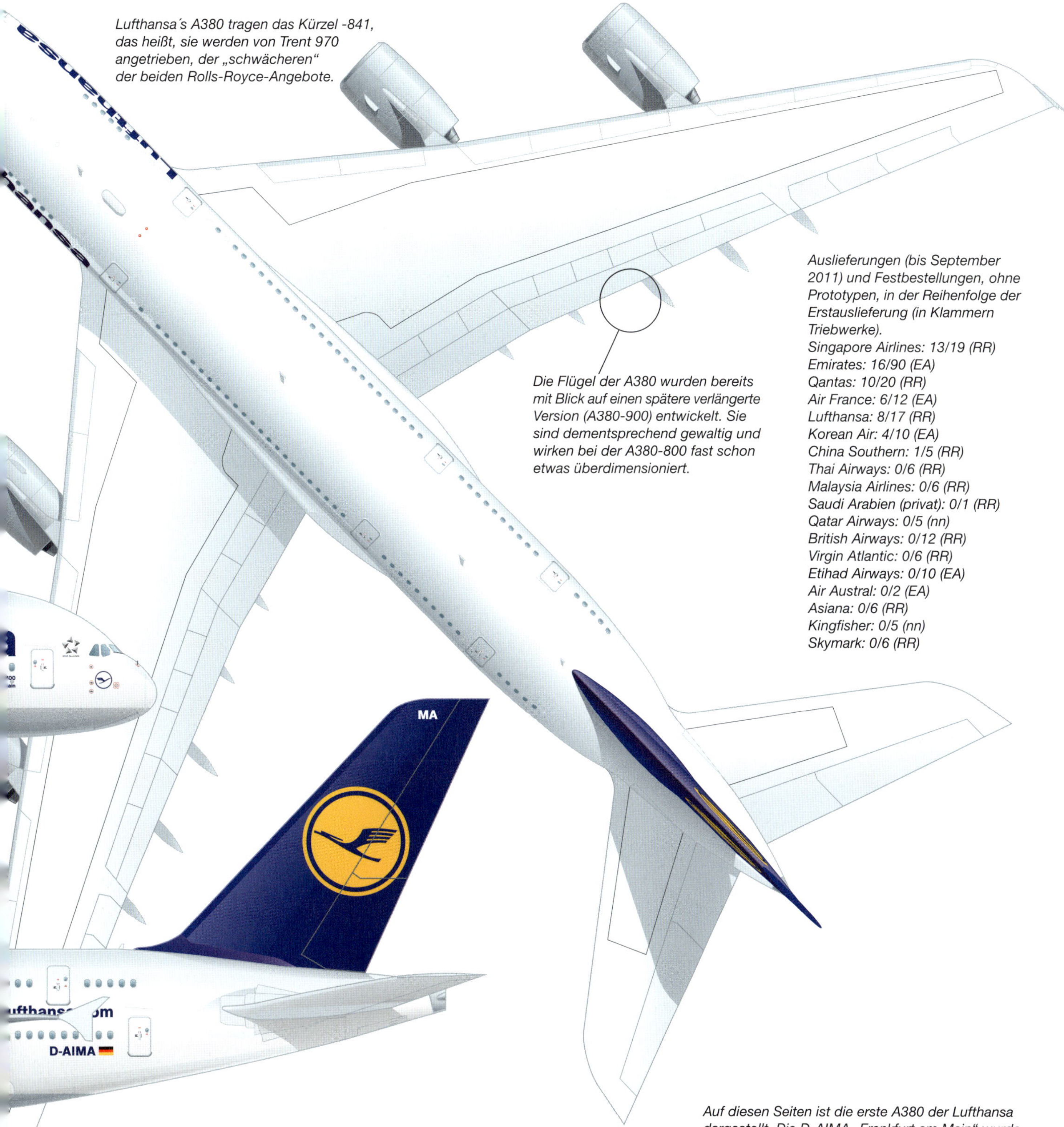

Lufthansa's A380 tragen das Kürzel -841, das heißt, sie werden von Trent 970 angetrieben, der „schwächeren" der beiden Rolls-Royce-Angebote.

Die Flügel der A380 wurden bereits mit Blick auf einen spätere verlängerte Version (A380-900) entwickelt. Sie sind dementsprechend gewaltig und wirken bei der A380-800 fast schon etwas überdimensioniert.

Auslieferungen (bis September 2011) und Festbestellungen, ohne Prototypen, in der Reihenfolge der Erstauslieferung (in Klammern Triebwerke).
Singapore Airlines: 13/19 (RR)
Emirates: 16/90 (EA)
Qantas: 10/20 (RR)
Air France: 6/12 (EA)
Lufthansa: 8/17 (RR)
Korean Air: 4/10 (EA)
China Southern: 1/5 (RR)
Thai Airways: 0/6 (RR)
Malaysia Airlines: 0/6 (RR)
Saudi Arabien (privat): 0/1 (RR)
Qatar Airways: 0/5 (nn)
British Airways: 0/12 (RR)
Virgin Atlantic: 0/6 (RR)
Etihad Airways: 0/10 (EA)
Air Austral: 0/2 (EA)
Asiana: 0/6 (RR)
Kingfisher: 0/5 (nn)
Skymark: 0/6 (RR)

Auf diesen Seiten ist die erste A380 der Lufthansa dargestellt. Die D-AIMA „Frankfurt am Main" wurde am 19.5.2010 ausgeliefert (s. auch S.156/157).

Die A380-800 ganz offen

Es ist einfach, die gewaltige Größe einer A380 von außen zu erfassen. Von innen ist das anders. So wie andere Flugzeuge ist sie in Abteilungen aufgeteilt. „Schneiden" wir sie auf, sieht man erst, wie gewaltig der Riese ist. Die hier gezeigte, im Auftrag des Frankfurter Flughafens entstandene Zeichnung zeigt eine prototypische A380, so wie sie exakt bei keiner Airline zu finden ist, die aber Aspekte vieler realer Maschinen aufnimmt. Die First Class-Sessel sind nach der Air France, die Business Class-Sitze nach der Lufthansa, und die Economyplätze nach der Qantas modelliert. Je nach Airline ist die First Class immer vorn, oben oder unten zu finden, die Business dahinter, die Economy immer hinten, und zumeist unten eingebaut.

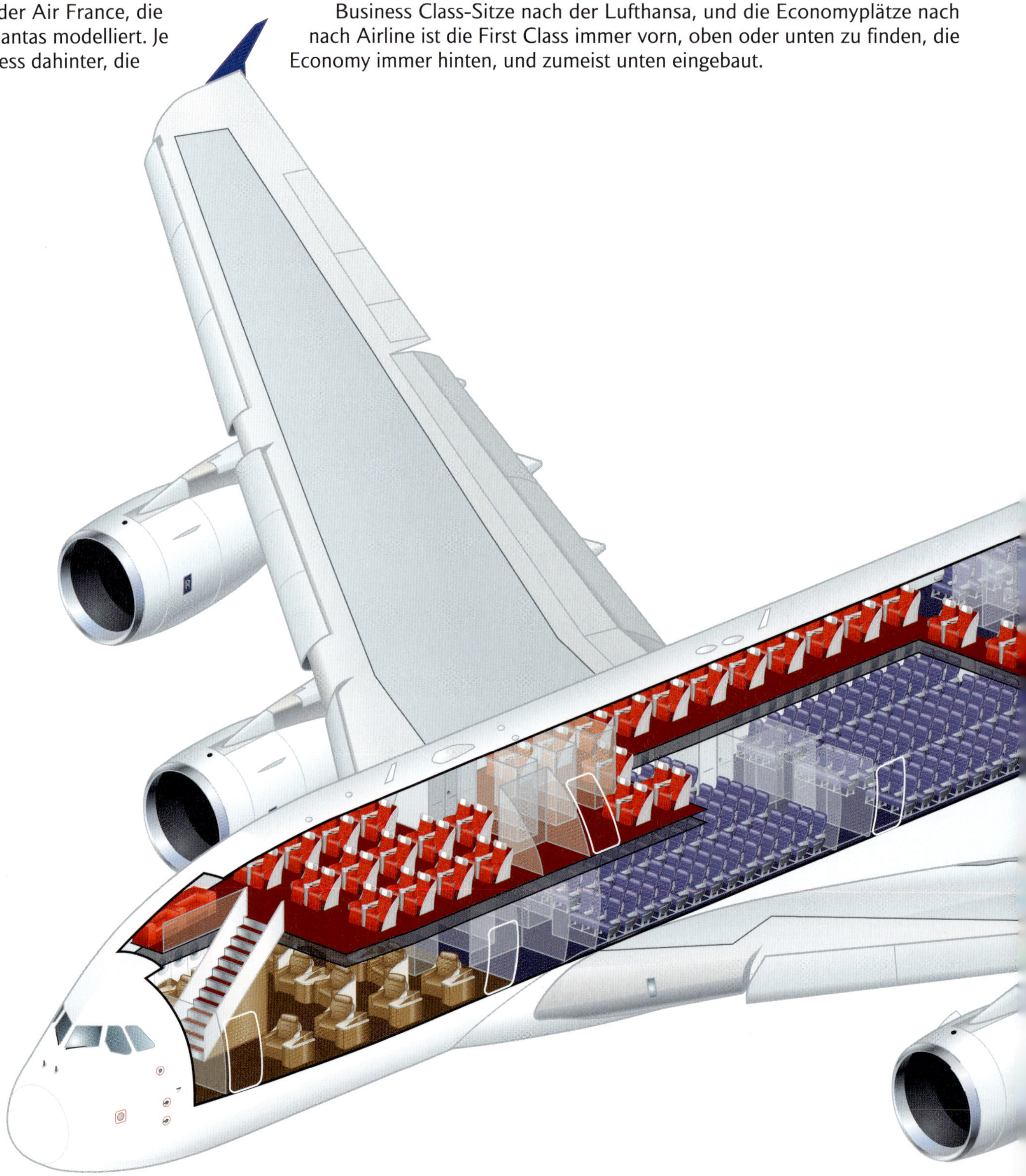

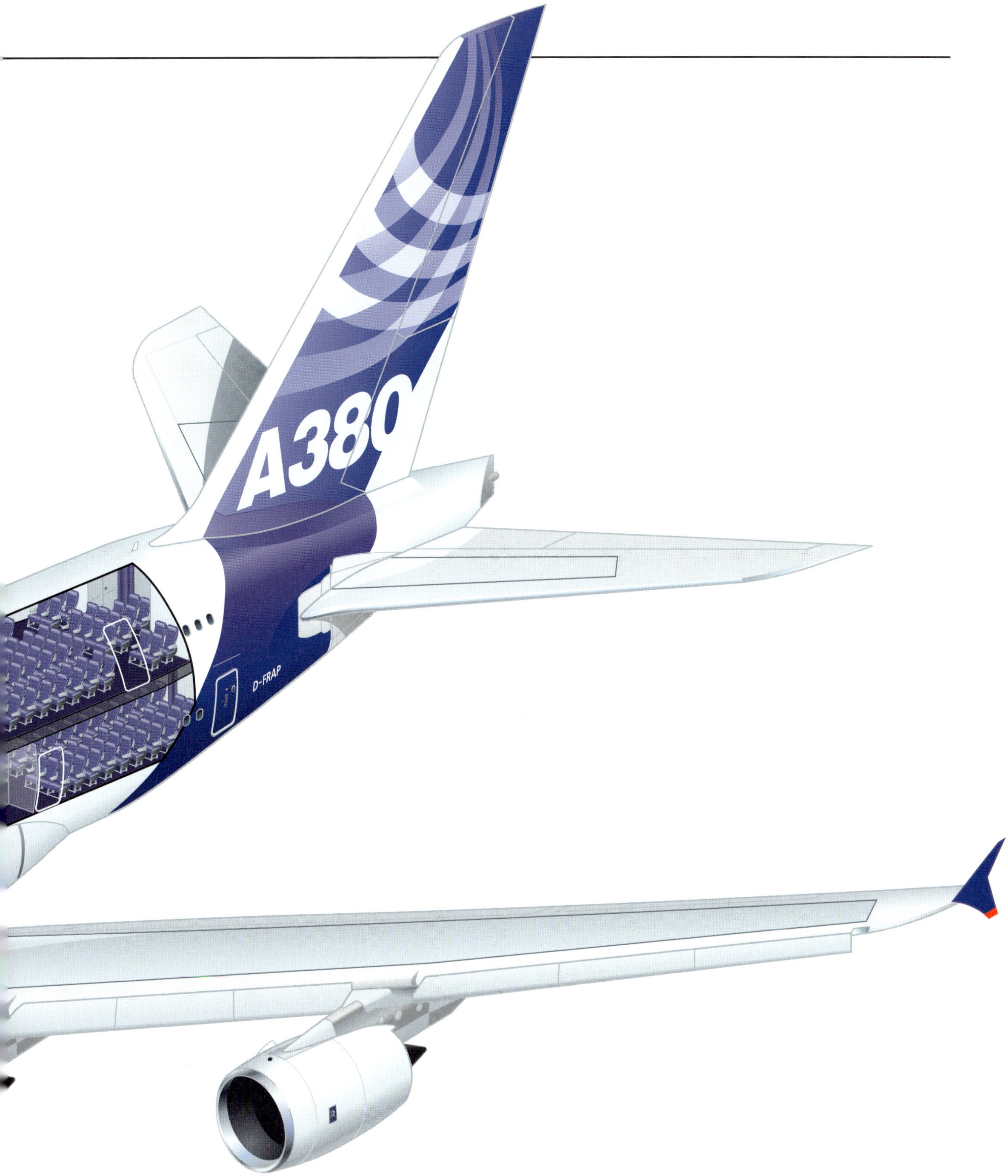
A380
D-FRAP

2005 - 2007, die Testphase

Die Zertifizierungsphase der A380 verlief anders als gedacht. Ernsthafte Probleme traten zwar nicht bei Testflügen, dafür aber umso zeitraubender in der Produktion der ersten Serienmaschinen auf. Durch die Benutzung verschiedener Konstruktionsprogramme ergaben sich Inkompatibilitäten zwischen den verschiedenen Produktionsstandorten, namentlich Toulouse und Hamburg, mehrfache Verschiebungen und unausweichliche finanzielle Folgen führten zum Abgang der Unternehmensführung. Extra für die A380 führte das Unternehmen eine neue CI mit moderner Bemalung ein, die allerdings in ihren in der Luftfahrtwelt alles andere als herausragenden Farben Blau und Weiß wenig aufregend war. Vielbeachteter und problemloser Erstflug der Baunummer 1 mit dem passenden Kennzeichen F-WWOW war der 27.4.2005, per TV weltweit übertragen. Auf den Testflügen konnte die A380 voll überzeugen, auch wenn die ersten Maschinen etwas übergewichtig waren. Von Anfang an war klar: kein Verkehrsflugzeug ist leiser, komfortabler, und verbraucht weniger Kerosin pro Passagierkilometer.

Airbus A380-841. *Baunummer 2 mit dem markanten Kennzeichen F-WXXL war die dritte Maschine vom Band. Nach der Testphase wurde sie neu verkabelt, gegenwärtig rüstet man sie zum ersten A380-VIP-Jet aus. Baunummer 4, die am 18.10.2005 als zweite A380 ihren Erstflug hatte, erhielt die Kennung F-WWDD. Während der Testflüge trug sie zeitweise die Bemalungen von Singapore Airlines und Emirates und flog sonst, anders als die die vollen Airbus-Farben tragenden Schwestermaschinen, schlichtes Weiß. Sie wurde auf GP7200-Triebwerke umgebaut und ist für die Auslieferung an Emirates vorgesehen, 2011 ist sie aber neben der Baunummer 1 noch als zweites Testflugzeug bei Airbus im Einsatz. Zur Flugshow in Paris 2011 erhielt die Maschine eine modernisierte Bemalung. Baunummer 7, F-WWJB, flog am 19.2.2006 zum ersten Mal. U. a. wurde sie im März 2007 für Streckenerprobungstests der Lufthansa verwendet. Danach wurde sie auf GP7200 umgebaut und am 12.12.2009 mit der Kennung A6-EDF an Emirates überstellt.*

Airbus A380-861. *Baunummer 9, die achte fertiggestellte A380, erhielt die Werkskennung F-WWEA. Sie war die erste Maschine mit den GP7200-Triebwerken der Engine Alliance und flog am 24.8.2006 zum ersten Mal. Nach Ende der Tests im Frühjahr 2008 wurde sie umgerüstet und am 4.6.2010 mit der Kennung A6-EDJ an Emirates ausgeliefert.*

Airbus A380-841. *Die Testflotte umfasste fünf Flugzeuge, und zwar die Serienummern 1, 2, 4, 7 und 9. Dazu kamen die ausschließlich für Belastungstests vorgesehenen, statischen Baunummern 5000 und 5001. Nr.5000 war ein Rumpf ohne Flügel, der 2007 in Toulouse planmäßig zerstört wurde, Nr.5001 steht in einer Halle in Dresden und macht(e) ein ganzes Flugzeugleben im Zeitraffer durch. Baunummer 1, links in zwei Bemalungsvarianten gezeigt, war der erste Prototyp. Nach der ersten Testphase wurde die F-WWOW auf eine Tournee zu den Kunden Singapore Airlines, Malaysia Airlines und Qantas nach Südostasien und Australien geschickt und bei den dortigen Besuchen mit den Titeln der jeweiligen Airline beklebt. 2006 war die Maschine der Star der weltgrößten Flugshow im englischen Farnborough, wo sie zusammen mit einer A340-600 aufregende, im Alltag nicht vorkommende Flugmanöver vorführte. Anders als die anderen Testmaschinen wird die F-WWOW im Besitz von Airbus verbleiben. Bei den Testmaschinen deutlich zu sehen sind Schutzvorrichtungen gegen Tailstrikes (Heckaufprall bei extremen Start-und Landemanövern) und Sonden am Leitwerk.*

A380-800, endlich im Liniendienst

Auch wenn Emirates der mit Abstand größte Besteller der A380 ist und diese Alleinstellung wohl auf ewig Bestand haben wird, so war es doch Singapore Airlines, seit den 80er Jahren immer in allen Top 10-Rankings der Airlines weltweit zu finden, die das Privileg bekam, den ersten Superjumbo in Dienst zu stellen. Kinderkrankheiten hielten sich in erstaunlich engen Grenzen, Begeisterung bei Airlines und erst recht bei Passagieren wurden schnell zur Norm. Die Abfertigungszuverlässigkeit ist beispielhaft, und der Komfort der A380 wird von keinem anderen Flugzeugtyp erreicht. Das Geräuschniveau innen wie außen kann man als einen wahren Generationensprung bezeichnen, der moderne Muster wie die Boeing 777 schon fast zu Krachmachern stempelt. Außerdem bietet kein anderer Flugzeugtyp, und das selbst in der Economy-Klasse, soviel Raum und kein anderes Flugzeug erlaubt es, ohne Abstriche an der Wirtschaftlichkeit breitere Sitze einzubauen.

Airbus A380-841. *Die 9V-SKB hatte am 19.7.2006 unter der Kennung F-WWSB ihren Erstflug. Mit dieser zweiten, am 11.1.2008 abgelieferten A380 änderte die Airline ihre Bemalung bereits leicht ab, indem die Titel weiter vorn angebracht wurden. Die Positionierung auf der ersten A380 erwies sich als ungünstig, da die Titel aus vielen Winkeln zu sehr von den riesigen Flügeln verdeckt wurden. Bis Herbst 2011 hat die Airline 13 von 19 bestellten A380 erhalten. Die 14. A380, die bereits 2010 ihren Erstflug hatte, soll nach ungewöhnlich langwieriger Ausrüstung im Winter 2011/2012 hinzukommen. Ziele der weiß-blau-goldenen Maschinen sind u.a. London, Paris, Los Angeles, Zürich und Sydney. Die Airline vermeldete, dass sie gegenüber den auf diesen Routen bisher hauptsächlich eingesetzten Boeing 777 mit der A380 spürbar ökonomischer fliegt.*

Airbus A380-841. *Die am 7.5.2006 zum erstenmal mit dem Kennzeichen F-WWSA geflogene Maschine hatte die Ehre, als allererste A380 in den Passagierdienst zu gehen. Nach Lackierung und Innenausbau in Hamburg wurde sie am 16.10.2007 ausgeliefert, und blieb die einzige A380, die 2007 Airbus verließ. Am 25.10.2007 absolvierte sie auf der Route Singapur-Sydney den allerersten kommerziellen Linienflug des weltgrößten Passagierjets, zwei Jahre hinter dem ursprünglichen Zeitplan.*

Airbus A380-861. *Baunummer 56 war die 14. A380 von Emirates, deren wiederholte, jedes bekannte Maß sprengende Massenbestellungen die Luftfahrtbranche in Atem halten. Die A6-EDN wurde am 5.11.2010 ausgeliefert. Ihr Erstflug hatte unter der Kennung F-WWAR am 17.5.2010 stattgefunden. Die A6-EDN erhielt Anfang September 2011 als erste A380 so etwas wie eine Sonderbemalung, als man große Aufkleber für die Rugby-WM aufbrachte. Bis Herbst 2011 konnte Emirates schon 16 Superjumbos in Empfang nehmen, nicht wenig, aber doch gerade mal ein gutes Sechstel der bestellten 90 Maschinen. Im Vergleich zu den von Rolls-Royce Trents angetriebenen A380 der Singapore Airlines oben kann man sehen, das sich das von Emirates bestellte Alternativ-Triebwerk der Engine Alliance (ein Konsortium der US-Firmen General Electric und Pratt & Whitney) äußerlich kaum unterscheidet.*

A380-800 im Liniendienst

Nach Singapore Airlines und Emirates war die australische Qantas noch in 2008 die dritte Airline, die die A380 in Dienst stellen konnte und in der Folge schnell eine große Flotte aufbaute. Air France und Lufthansa, die Flagcarrier der Länder, in denen die Hauptarbeit der Herstellung der Superjumbos erfolgt, trugen sich 2009 bzw. 2010 als Nr.4 und 5 ins Auslieferungsbuch ein.

Airbus A380-861. *Airline Nr.4 wurde die Air France. Mit der Ablieferung der F-HPJA, Baunummer 33, am 30.10.2009 war der französische Flagcarrier die erste europäische Fluggesellschaft, die das größte Verkehrsflugzeug der Welt ihr eigen nennen konnte. Baunummer 40, 43 und 49 folgten 2010, und 2011 erhielt Air France mit den Baunummern 52 und 64 ihre fünften und sechsten A380. Air France setzt auf Engine Alliance Antriebe und plaziert ihre Superjumbos u.a. auf Strecken in die USA, nach Tokio und Montreal.*

Airbus A380-841. *Lufthansa´s erste A380, die D-AIMA, wurde am 19.5.2010 von Hamburg aus nach Frankfurt überstellt (s.S.156/157). Baunummer 38 trägt den Namen der Lufthansa-Hauptstadt „Frankfurt am Main“ und wird von Rolls-Royce Trent 970 angetrieben. Zwei Monate danach kam mit der Nr. 41 D-AIMB „München“ der zweite Riesen-Airbus, und später im Jahr noch zwei hinzu (Nr. 44, D-AIMC „Peking“ und 48, D-AIMD „Tokio“). 2011 wurden vier weitere A380 geliefert, im März die D-AIME „Johannesburg“ (61), im April die D-AIMF „Zürich“ (66), im Mai die D-AIMG „Wien“ (69), und Anfang Juli die D-AIMH „New York“ (70). Nach der Premierenroute mit Destination Tokio, wo die A380 den unterlegenen Boeing 777-300ER der dortigen, in letzter Zeit recht mutlos wirkenden Konkurrenz das Leben schwer macht, kamen Dienste nach Peking, Johannesburg, New York, San Francisco hinzu, sowie 2011 Miami und Singapur. Die A380 übererfüllt alle Erwartungen, und so nimmt es nicht Wunder, das Lufthansa Ende September 2011 zwei zusätzliche Maschinen orderte.*

Airbus A380-842. *Baunummer 14 absolvierte im Januar 2008 ihren Erstflug und wurde am 19.9.2008 als erste A380 an Qantas ausgeliefert. Sie wurde auf den Namen der Luftfahrtpionierin „Nancy Bird Walton“ getauft. Nach zwei Jahren Dienst ereignete sich am 4.11.2010 der bisher einzige schwere Zwischenfall mit einer A380, als bei der VH-OQA kurz nach dem Start in Singapur Triebwerk Nr. 2 explodierte und dabei die linke Tragfläche so schwer beschädigte, dass Probleme auftauchten, die die Maschine um Haaresbreite zum Absturz brachten. Es dauerte sehr lange, bis im Sommer 2011 die Reparatur endlich in Angriff genommen wurde. Qantas besitzt inzwischen elf A380, sie haben neben der 14 die Baunummern 15, 22, 26, 27, 29, 47, 55, 62 sowie 63, die mit der Kennung VH-OQK Ende 2011 ausgeliefert wurde. 2012 werden dann noch die Nrn. 74, 91 und 102 zur Flotte stoßen. Die sechs dann noch ausstehenden Bestellungen wurden auf die Zeit um 2020 verschoben, um dann die letzten 747-400 der Airline zu ersetzen.*

Die A380 im Liniendienst

2011 nahm die Ablieferung von A380 deutlich Fahrt auf. Außerdem kamen Korean Air sowie China Southern als neue Betreiber hinzu, so dass Ende des Jahres bereits um die 60 Superjumbos im aktiven Dienst standen.

Airbus A380-841. *China Southern ist bisher die einzige chinesische Airline, die die A380 geordert hat. Obwohl man mit den Baunummer 31 und 36 bereits recht frühe Slots reserviert hatte, wurde die erste Maschine erst am 14.Oktober 2011 mit der Kennung B-6136 ausgeliefert, ein volles halbes Jahr nach dem Erstflug. Erstes internationales Ziel vom südchinesischen Heimatflughafen Ghuangzhou aus ist Paris.*

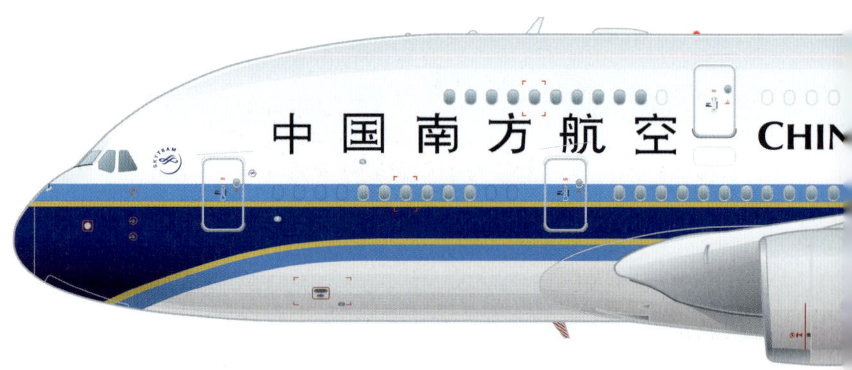

Airbus A380-861. *Die Bemalung der Korean Air steht der A380 bisher wohl am besten, denn die horizontale Farbaufteilung nimmt dem Rumpf etwas von seiner Massigkeit, und das helle Blau erweckt den Eindruck der Leichtigkeit. Die Airline entschied sich bei der Bestellung der A380 für das Triebwerk der Engine Alliance. Routenziele von Seoul aus sind Tokio, Hongkong, Bangkok, New York und Paris. Ab Winter 2011/2012 wird die A380 auch auf der Frankfurt-Strecke die nur kurz eingesetzte Boeing 777-300ER ablösen. Nach recht langsamer Ausrüstung in Hamburg wurde die HL7611 am 1.6.2011 ausgeliefert, über sechs Monate nach dem Erstflug. Die Baunummer 35 ist Korean Air´s erste von zehn bestellten A380, drei weitere, die Nummern 39, 59 und 68 kamen innerhalb von gut drei Monaten hinzu. Wie man an diesen Seriennummern erkennen kann, sind sie nur bedingt aussagefähig, was die Sequenz der Auslieferungen der A380 generell betrifft, sondern eher mit den fünfstelligen Fabriknummern bei Boeing vergleichbar. Deutliche Beispiele: Baunummer 45 wurde bereits knapp zwei Jahre vor der Nr. 35 ausgeliefert, die Nummer 70 mehrere Monate vor der ganz unten zu sehenden Baunummer 31.*

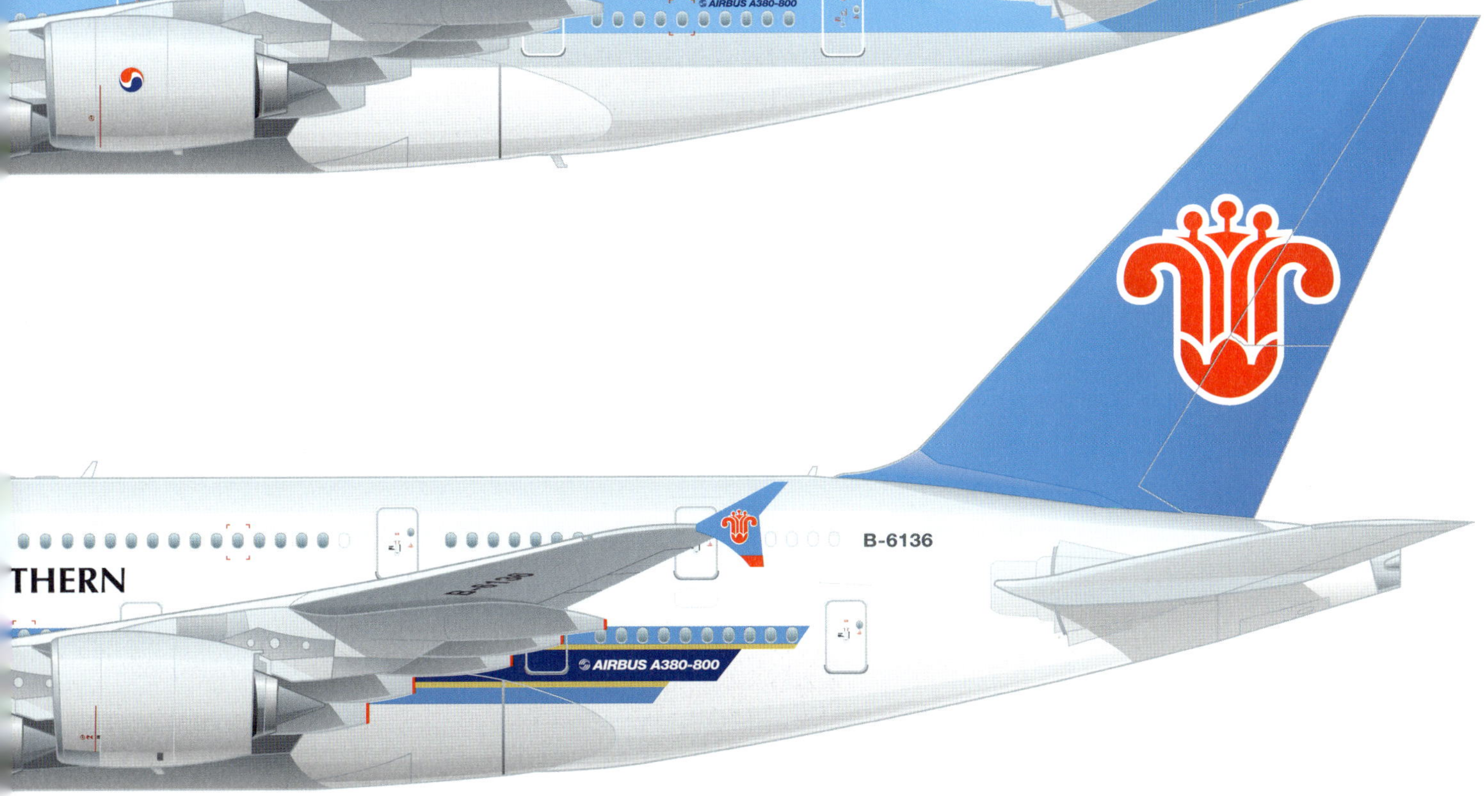

Unendliche Möglichkeiten: Innenarchitektur der A380

Wie bei keinem anderen Flugzeugtyp können sich Airlines bei der Innenausstattung der A380 „austoben". Jede Fluggesellschaft hat bisher eine eigene Aufteilung gefunden. Die First Class befindet sich immer vorn, ob nun oben oder auf dem Hauptdeck. Die Business Class nimmt in den meisten Fällen den Großteil des Oberdecks ein, die Economy entweder das gesamte Hauptdeck oder den hinteren Teil beider Etagen. Besonders luxuriös, dafür aber relativ unkommunikativ, sind die First Class-„Suiten" bei Singapore Airlines und Emirates. Bei Passagierbefragungungen optierten die First Class-Kunden der meisten Airlines erstaunlicherweise gegen Duschen, allerdings verfügen die Luxusabteile bei allen Airlines über Waschräume, die z.T. erheblich größer sind als alles, was man bisher gewohnt war. Aber auch die Business- und Economy-Abteile bieten pro Passagier spürbar mehr Platz und bequemere Sitze als alle Airliner zuvor. Bars, anfangs als Standard bei der A380 erwartet, blieben bisher die Ausnahme.

***Qantas** ist die einzige Airline, die vier Klassen an Bord ihrer A380 anbietet. In Fachsprache heißt diese Konfiguration 14F-72J-32PY-332Y, wobei F für First Class, J für Business, PY für Premium Economy und Y für Economy steht. Vorn im Hauptdeck ist die First untergebracht, dahinter die Economy in drei auch farblich voneinander getrennten Abteilungen, oben nimmt die Business Class inklusive einer kleinen Lounge den Großteil ein, ganz hinten befindet sich das kleine Premium Economy-Abteil. Qantas verpflichtete für die Gestaltung des Interieurs den bekannten Industriedesigner Marc Newson, der für alle Klassen ein sehr markantes, für First und Economy sogar Preise gewinnendes Sitzdesign entwarf.*

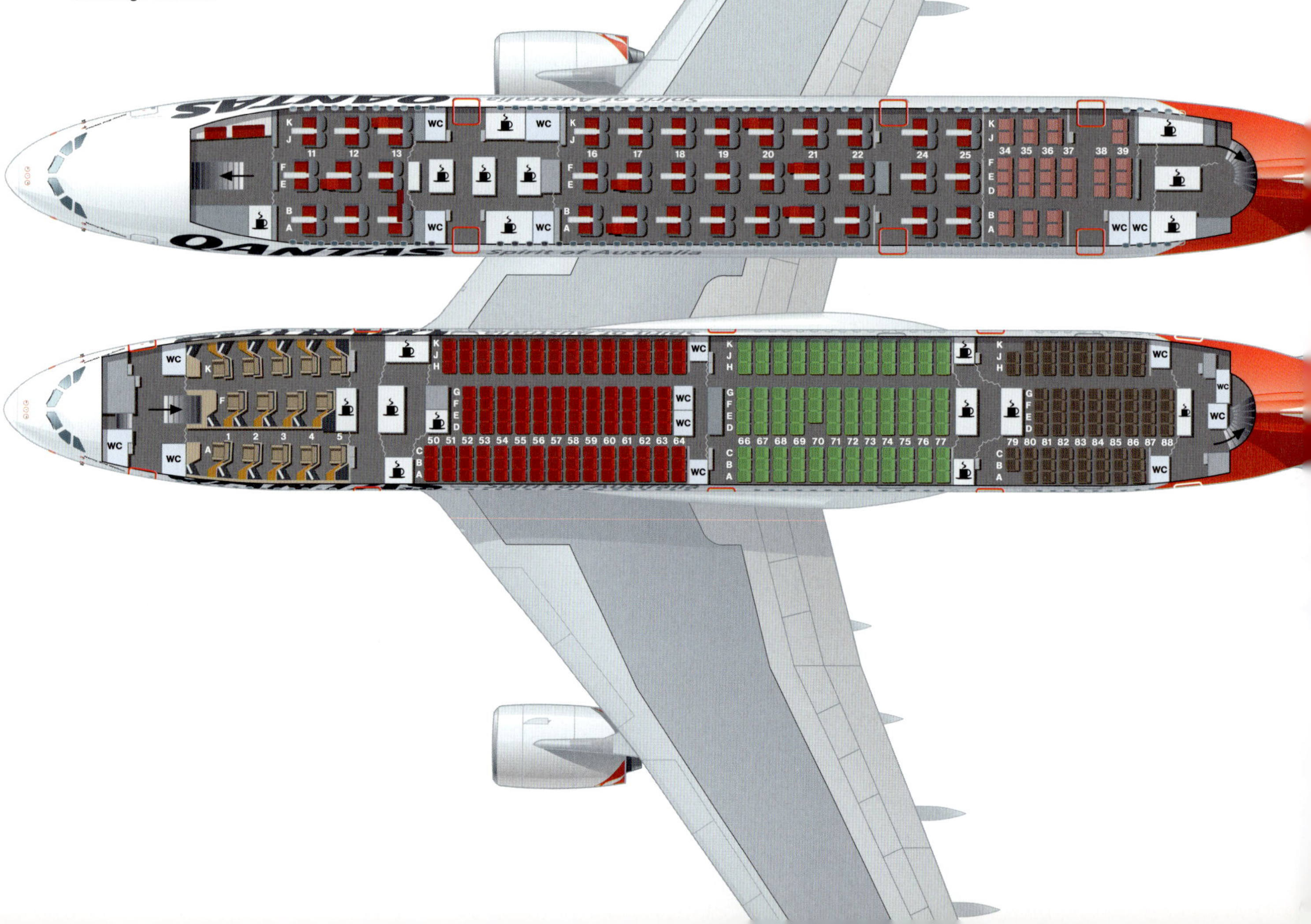

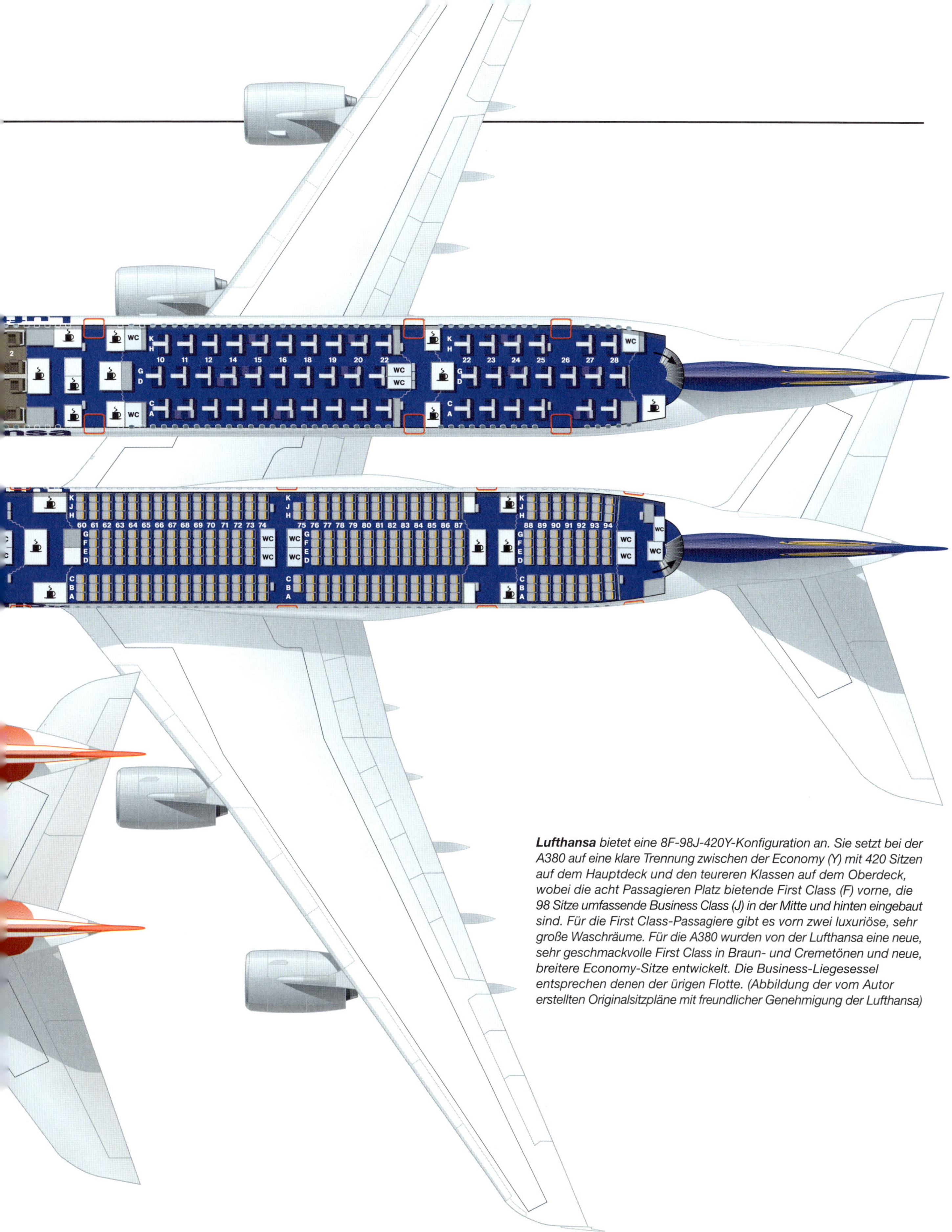

Lufthansa *bietet eine 8F-98J-420Y-Konfiguration an. Sie setzt bei der A380 auf eine klare Trennung zwischen der Economy (Y) mit 420 Sitzen auf dem Hauptdeck und den teureren Klassen auf dem Oberdeck, wobei die acht Passagieren Platz bietende First Class (F) vorne, die 98 Sitze umfassende Business Class (J) in der Mitte und hinten eingebaut sind. Für die First Class-Passagiere gibt es vorn zwei luxuriöse, sehr große Waschräume. Für die A380 wurden von der Lufthansa eine neue, sehr geschmackvolle First Class in Braun- und Cremetönen und neue, breitere Economy-Sitze entwickelt. Die Business-Liegesessel entsprechen denen der ürigen Flotte. (Abbildung der vom Autor erstellten Originalsitzpläne mit freundlicher Genehmigung der Lufthansa)*

Geordert, gewünscht, geträumt - die A380-Zukunft

Im Frühherbst 2011 wurde die 55. A380 ausgeliefert, vier Jahre nach der Erstauslieferung ist die Produktion weitgehend „on track". 2012 bzw. 2013 werden Malaysia Airlines, Thai Airways und British Airways als neue Betreiber hinzukommen. Für deren erste Maschinen sind die Baunummern 78, 87 und 95 reserviert, sie sollen alle von Rolls-Royce Trents angetrieben werden. Danach kommen auch Airlines zum Zug, deren Bestellung die Luftfahrtwelt überraschte. Der erste japanische Betreiber heißt weder JAL noch ANA, sondern Skymark, und mit Air Austral wird eine Airline ab 2014 ihre beiden bestellten A380 erhalten, die mit einer Vollbestuhlung von etwa 800 Economy-Sitzen fliegen werden. Wie sieht die Zukunft aus? Hong Kong Airlines steht vor einer Bestellung, ebenso wie Transaero. Es gibt noch eine Reihe von Airlines, die für den Einsatz von A380 in Frage kommen, wie Cathay Pacific, United Airlines, Delta Airlines, Air China, China Eastern oder ANA - Cathay Pacific hat sogar ein Interesse an der geplanten verlängerten A380-900 bekundet. Iberia könnte vielleicht einige A380 gebrauchen, reelle Chancen liegen auch bei

South African Airways, Vietnam Airlines oder Turkish Airlines. Denkbar ist eine Bestellung eines bisher unerwarteten US-Carriers, falls die Hauptkandidaten United und Delta der Mut verlässt. Denn dass keine US-Airline eine A380 auf den Transatlantik- oder Pacific-Rennstrecken füllen kann, wäre ein Armutszeugnis für die gesamte US-Luftfahrtindustrie und ein Offenbarungseid der Konkurrenz gegenüber. So oder so, die A380 wird längerfristig mit einiger Sicherheit für Airbus zum Erfolgsmodell werden, auch ohne Frachterausführung.

Bisher hat noch keine US-amerikanische Airline die A380 geordert, wenn es dazu kommen sollte, wäre United Airlines, die eine recht große Flotte von zum Teil über 20 Jahre alte Boeing 747-400 betreibt, neben Hauptkonkurrent Delta der heißeste Kandidat. US-Fluggesellschaften haben sich aber im letzten Jahrzehnt als erstaunlich zurückhaltend, ja geradezu ängstlich verhalten, wenn es um mutige, expansive Unternehmensentscheidungen ging.

Airbus A380-841. *Baunummer 87 wird im Sommer 2012 als erste A380 an Thai Airways gehen und die Kennung HS-MAR tragen, die zweite und dritte Maschine sollen wenige Monate später folgen. Die sechs bisher georderten A380 sollen die ältesten, um 1990 gebauten Boeing 747-400 der Flotte ersetzen. Es ist davon auszugehen, das Thai noch mehr A380 bestellen wird, wenn ab Ende des Jahrzehnts jüngere 747 zur Außerdienststellung anstehen. Thai plant die A380 von Bangkok nach London und Frankfurt einsetzen.*

Airbus A380-841. *Die erste von zwölf A380 der British Airways wird vermutlich die Baunummer 95 sein, sie soll Anfang 2013 in Dienst gehen. Zur selben Zeit wird übrigens Emirates bereits ihre 35. A380 erhalten! BA wird als einer der heißesten Kandidaten für eine A380-Nachbestellung gehandelt. Allerdings ist die jüngere Hälfte der zu ersetzenden 747-400 Flotte noch so jung, dass sie ohne Weiteres bis in die 2020er Jahre fliegen kann. Deshalb wird eine solche Bestellung wohl kaum vor 2015 erfolgen.*

A350 (ab 2013)

Fast immer, wenn Airbus oder Boeing einen neuen Flugzeugtyp ankündigen, kontert der Konkurrent innerhalb kurzer Zeit. Da machen nur A380 bzw. 747 eine Ausnahme. Als Airbus Mitte der 80er Jahre die A300-600 herausbrachte, kam Boeing mit der 767-300. Als Airbus die A340 launchte, konterte Boeing mit der 777, als Airbus 2010 die A320 NEO ankündigte, zog Boeing binnen Jahresfrist nach, jeweils berechnend und in der berechtigten Hoffnung, das früher auf den Markt kommende Konkurrenzangebot zu toppen. Für einmal konnte Airbus den Spieß umdrehen, als Boeing ob der nach 2000 dramatisch einbrechenden Verkaufszahlen der in die Jahre gekommenen 767 ein radikal neues Projekt anschob, die 787, die gleichzeitig die 767 und (weitgehend) die 777-200 ersetzen, aber insbesondere die A330 und A340 bedrohen soll. Allerdings ging Airbus´ erster Versuch der A350, eines etwa gleich großen 787-Gegenentwurfs fehl. Obwohl bereits einige Order vorlagen, wurde das Projekt 2006 stark modifiziert. Die meisten Airlines verlangten nach einem etwas größeren, breiteren Muster, einem Flugzeug, das leicht über der A330 und 787 positioniert ist, aber auch in der Lage sein soll, in der längsten Ausbaustufe sowohl die A340-600 zu ersetzen als auch eine Alternative zu Boeings erfolgreicher 777-300ER darzustellen. Dafür ist sie aber, deutlich grösser und teurer, nur bedingt als A330-Ersatz zu verstehen. Die A350 mit dem Namenszusatz XWB (für Extra Wide Body) war geboren und konnte innerhalb kurzer Zeit Hunderte von Bestellungen verbuchen. Ob sie ein 777-„Killer“ wird, muss sich ab 2013 zeigen, denn Boeing droht schon mit einer neuen Generation der 777, die zu Airbus´ Beruhigung aber frühestens 2019 fertig sein könnte - und sicher durch eine nach 2020 obligatorische A350-Weiterentwicklung wiederum in Schach gehalten würde. Wichtiges Merkmal der neuen Baureihe ist der Rumpf aus Kohlefaser, dessen auf ein Gerüst aus Aluminium befestigte Segmente aus je vier Teilen besteht (oben, unten, rechts und links), was eine höhere Reparaturfreundlichkeit als bei der Boeing 787 gewährleisten soll. Andere Highlights: ein ovaler Rumpf (bis auf die A380 hatten alle Airbus-Modelle bisher kreisrunde Querschnitte), Triebwerke von Rolls-Royce (die beiden kleineren Versionen der A350 werden evtl. auch mit Alternativantrieben von GE angeboten), große Fenster (ähnlich oder gleich groß wie bei der A380), und Flügel aus Kohlefaser, die quasi organisch in die Winglets übergehen.

Die 66,80 m lange A380-900 ist bisher der klare Bestseller der A350-Baureihe. Bis Herbst 2011 gingen über 350 Bestellungen ein, neben Leasinggesellschaften freuen sich Airlines wie Aer Lingus, Air Asia X, Air China, Asiana, Cathay Pacific, China Airlines, Ethiopian Airlines, Finnair und Singapore Airlines auf das - so wird erwartet - Sparwunder aus Toulouse. Mit 50 Orders kam die größte bisherige Bestellung von Emirates. Airbus erwartet den Erstflug für Anfang 2013 und hofft darauf, die ersten A350-900 noch vor Mitte 2014 ausliefern zu können.

Die A380-1000 wird das Topmodell der Baureihe werden. Mit 73,80 m Länge etwas kürzer als die A340-600, die von ihr abgelöst werden soll, kann sie aber ob ihrer größeren Breite mehr Passagiere befördern. Sie soll die Boeing 777-300ER als Erfolgsmodell der „oberen Mittelklasse“ der Langstreckenmaschinen ablösen, was, wenn die geplanten Daten (u.a. 20% weniger Verbrauch) in konkrete Leistung umgesetzt werden können, möglich scheint. Die -1000 wird als drittes Modell der A350 debütieren, d.h. nicht vor dem Jahr 2017, da für diese Variante extra neue Rolls-Royce-Triebwerke konstruiert werden müssen, nachdem prospektive Kunden mit dem ursprünglichen Vorschlag nicht einverstanden waren. Orders wurden bisher von Asiana, Emirates und Etihad plaziert, insgesamt 75 Bestellungen.

Die A350-800 war ursprünglich als Basismodell gedacht. Die mit 60,50 m Länge kürzeste Variante des künftigen „Brot-und-Butter"-Widebody-Modells von Airbus erhielt jedoch wesentlich weniger Bestellungen als das mittlere Modell -900, was den Hersteller bewog, das neue Programm mit diesem Modell zu starten. Neben TAP mit zwölf Bestellungen orderten Qatar Airways, Hawaiian Airlines, Aeroflot, Asiana, Bangkok Airways, US Airways, Yemenia sowie einige Leasinggesellschaften insgesamt 156 Maschinen der „kurzen" A350, deren Premiere auf 2016 verschoben wurde.

A300B4-605R A6-EKF der Emirates auf der Frankfurter Startbahn West im Juni 1996. Die 1991 gebaute Maschine fliegt heute für Mahan Air.

A300B4-220 B-192 der China Airlines, 1982 gebaut, im September 1996 vor den Hochhäusern des legendären Flughafens Kai Tak/Hongkong.

A300B4-620 A6-SHC der Regierung Dubais in London-Heathrow 1998. Im August 2011 wurde diese Maschine bei den Kämpfen in Tripolis zerstört.

A310-324 9V-STC der Singapore Airlines, 1997 auf dem Heimatflughafen aufgenommen. 1993 gebaut, 2004 an Air India verleast, 2010 abgestellt.

A310-203 PH-AGC der libanesischen MEA beim Anflug auf Frankfurt 1996. Diese Maschine wurde 1996/97 von KLM geleast, daher der graue Bauch.

A310-325 HB-IPM der Balair im Sonnenuntergang von Miami, im März 1998 aufgenommen. 1993 gebaut, 1999 abgegeben. Heute bei Biman Bangladesh.

A320 HC-BUM der ecuadorianischen Saeta, 1998 in Miami aufgenommen. 1999 an LTU gegangen, seit 2010 im Dienst der Regierung Irans.

A320 D-ALAB von Aero-Lloyd beim Anflug auf Frankfurt 2002, mit dem Logo der bankrotten belgischen Sabena an Heck und Triebwerken. Heute im Iran.

A320 5B-DBC der Eurocypria auf der Startbahn West in Frankfurt im Mai 1997. Von 1992 bis 2003 geleast, heute bei Myanmair Airways.

A320 F-GJVA auf dem Flughafen Heathrow. 1998, zur WM in Frankriech, hatte Air France eine ganze Reihe von Maschinen mit großen Fußballern dekoriert.

A320 VR-HYS der Hongkonger Dragonair noch mit dem alten Kennzeichen aus der Zeit der britischen Herrschaft.Bis 1998 geleast.

A320 EI-TLH der Transaer, 1997 beim Start in Frankfurt. Nur im Sommer 1997 geleast, flog diese nun eingemottete A320 für mehr als zehn Airlines.

A330-322 D-AERJ der LTU, im Sommer 1995 als brandneue Maschine in Düsseldorf aufgenommen. 1997 verkauft, ging die Maschine durch viele Hände.

A330-342 VR-HYD der Dragonair vor dem Hochhausmeer von Kai Tak im September 1996. 2011 an Air Transat verkauft.

A330-300 OO-SFM der Sabena beim Anflug auf Brüssel im August 1998. Eine der ersten A330, fliegt sie heute bei Brussels Airlines.

A340-311 4R-ADB der AirLanka beim Anflug auf Amsterdam-Schiphol, 1997.

A340-312 CS-TOB der portugiesischen TAP, zum Zeitpunkt der Aufnahme1998 vier Jahre alt, in London.

A340-312 A4O-LE der Gulf Air in den Farben der Egyptair, an die die Maschine bis 1995 verleast war, im September 1997 beim Anflug auf London-Heathrow.

Lufthansa

MA
Lufthansa
lufthansa.com
D-AIMA

Historischer Moment: der König der Lüfte kommt, leider bei allem anderen als Kaiserwetter! Am Mittwoch, den 19. Mai 2010 wurde die erste A380 der Lufthansa, die D-AIMA „Frankfurt", von Hamburg aus zu ihrem Heimatflughafen ausgeliefert. Tausende Zuschauer, davon Hunderte auf der Terrasse an der A5, gaben ihr bei strömendem Regen einen gebührenden Empfang. Das neue Flaggschiff der LH absolvierte erst einen extrem leisen und langsamen Überflug, bevor es nach einer Ehrenrunde gegen 16 Uhr 45 schließlich von Osten kommend auf der Landebahn 25L landete.